KB106229

슈가레인
카페 디저트
클래스

슈가레인 카페 디저트 클래스

펴낸날 초판 1쇄 2022년 2월 10일 | 초판 11쇄 2024년 5월 30일

지은이 조한빛

펴낸이 임호준
출판 팀장 정영주
편집 김은정 조유진 김경애
디자인 김지혜 | **마케팅** 길보민 정서진
경영지원 박석호 유태호 신혜지 최단비 김현빈

사진 조한빛
인쇄 (주)웰컴피앤피

펴낸곳 비타북스 | **발행처** (주)헬스조선 | **출판등록** 제2-4324호 2006년 1월 12일
주소 서울특별시 중구 세종대로 21길 30 | **전화** (02) 724-7633 | **팩스** (02) 722-9339
인스타그램 @vitabooks_official | **포스트** post.naver.com/vita_books | **블로그** blog.naver.com/vita_books

ISBN 979-11-5846-373-1 13590

카페 창업자도 홈베이킹 입문자도 지금 바로 만들 수 있는 인기 레시피

SUGAR LANE

슈가레인 카페 디저트 클래스

CAFE DESSERT CLASS

조한빛 지음

비타북스

BY HANBIT CHO
Cho Hanbit
Heavy Duty

Prologue

안녕하세요!
슈가레인 오너 셰프 조한빛입니다.

Hi! I'm Hanbit and
I run Sugar Lane Baking Academy in Seoul, Korea.

내가 파티시에가 되어 있을 것이라고 10년 전에는 전혀 상상도 못 했다. 대학 졸업 후 런던에서 증권맨과 컨설턴트로 일하면서 바쁘게 살고 있었기 때문이다. 하지만 어렸을 때부터 F&B(요식업)에 관심이 많아서 '내가 그 분야에서 무엇인가를 할 수 있을까?' 늘 고민하고 있었다. 그래서 주중에는 회사에서 근무하고 주말에 푸드마켓에서 한국식 버거를 만들어 판매하는 사업을 시작했다. 일주일 내내 일하는 것이 힘들었지만, 푸드마켓에서 여러 나라의 다양한 음식과 새로운 디저트를 접하는 것이 나에게는 큰 기쁨이었다. 또한 파리 여행에서 섬세하고 아방가르드한 프렌치 디저트를 경험하면서 디저트에 대해서도 큰 관심을 두게 되었다.

그 후 시간이 더 흘러 한국으로 다시 돌아와 회사에서 근무하던 중 이제 더 늦기 전에 새로운 일에 도전해야겠는 결심을 굳혔다. 가족뿐만 아니라 주변의 반대가 심했지만, 과감히 제과 학교인 나카무리 아카데미에 지원해 디저트 공부를 시작했고, 서울 경리단길에서 '슈가레인' 이라는 이름의 디저트 매장을 열었다.

디저트 사업을 제대로 파고들기 시작하면서 '내가 생각한 것보다 훨씬 더 깊고 넓은 세상이 있다'라는 것을 비로소 깨달았다. 그래서 나카무라 아카

데미에 그치지 않고, 에꼴 르노뜨르Ecole Lenôtre에서 디플로마Diploma 프로그램을 이수하고 해외 연수도 갔다. 비즈니스를 넓게 보고 전략을 세우는 거시적인 접근을 좋아하는 편이지만, 어떻게 보면 평소 성향과 반대로 미시적인 부분인 제과 기술 연마에 많은 시간을 투자한 것이다. 이로써 디저트 사업을 하는 데 필요한 '사업적인 감각'과 개별 제품들에 대한 '기술적인 이해도' 둘 다 갖춘다는 목표에 가까워졌다.

3년간 직접 디저트 매장을 운영해보니, 내가 전문적으로 배운 지식과 이것을 실전에 적용하는 과정에는 큰 차이가 있다는 것을 알 수 있었다. 예를 들어, 실제 매장에서 디저트를 생산할 때 필요한 레시피나 공정은 제과 학교에서 배운 이론과 차이가 꽤 컸으며, 소비자가 원하는 디저트와 전문 파티시에가 만들고 싶은 제품이 다른 경우도 많았다. 게다가 매장을 운영하면서 끊임없이 문제가 발생했고, 매장을 운영하는 파티시에로서 이러한 문제를 해결할 수 있는 능력이 매우 중요했다. 이론과 현실의 차이를 줄여나가는 것, 이것이 바로 디저트 매장 운영의 본질 그 자체라는 것을 경험으로 깨닫게 된 것이다. 이런 경험을 바탕으로 2019년 '슈가레인 베이킹 스튜디오'를 오픈하여 현재는 제과 교육에 전념하고 있다.

실제로 슈가레인 카페 디저트 클래스를 운영하면서 만난 많은 카페 사장님들도 현실적인 어려움을 자주 토로한다. 대부분 '제과 학교 수업이나 원데이 클래스를 수강해도 진짜 매장을 운영할 때 필요한 현실적인 내용과 동떨어진 부분이 많다'라는 것이었다. 필자는 실제로 매장을 운영해본 경험자로서 이 말에 깊이 공감했다. 그래서 클래스를 기획할 때 카페에서 쉽게 만들어 판매할 수 있는 품목으로 커리큘럼을 구성했다. 공정도 효율과 원가 절감을 강조하면서 제품의 질은 떨어뜨리지 않는 선으로 맞춰 수업을 진행했다. 그 결과, 긍정적인 효과로 슈가레인 클래스 재수강률은 점점 높아졌다.

디저트를 공부하고 매장을 운영하며 얻은 노하우와 클래스를 통해 쌓은 그동안의 경험을 토대로 이 책을 썼다.

디저트의 세계는 정말 넓다. 제품군이 매우 많으며 제품군 안에서도 베리에이션이 무궁무진하다. 그래서 필자는 디저트에 접근할 때 이것저것 조금씩 경험하기보다는 한 가지 제품군을 정한 후 그 안에서 여러 변주를 시도해보면서 좀 더 집중해서 그 제품을 배워간다. 이렇게 하면 그 제품군에 대한 이해도가 높아진다. 《슈가레인 카페 디저트 클래스》에 소개한 레시피는 직접 여러 번의 테스트를 하면서 정리한 '고효율' 카페 디저트 레시피들이다. 부디 이 책을 통해 초보 사장님은 물론 베이킹을 어렵게 느꼈던 홈베이커가 '베이킹이 이렇게 쉽고, 간단할 수 있구나'를 깨닫게 되길 바란다.

베이킹은 어렵지 않다. 전문적으로 배운 사람만 할 수 있는 것은 아니라고 생각한다. 많은 사람이 디저트 굽는 냄새를 맡으며 달콤한 하루를 보낼 수 있으면 좋겠다.

마지막으로 이 책을 집필하는 데 무한한 도움을 주신 부모님께 감사드린다는 말을 전하고 싶다.

2022년 1월 26일

조한빛

Contents

카페 디저트 베이킹 첫걸음

베이킹을 시작하는 입문자를 위한 기본 가이드

2
1
3
4
5
6
7
8
acuba
9

베이킹에 사용되는 기본 도구 알아두기

1 **실리콘 주걱** 저온과 고온, 어떤 온도에서도 사용이 가능하고 나무 주걱에 비해 관리가 쉽다. 크기별로 구비해 재료의 양에 따라 적절한 크기를 선택하여 사용한다.

2 **믹싱 볼** 유리, 플라스틱 등 다양한 재질이 있지만, 유리 볼은 무겁고 깨질 위험이 있으며, 플라스틱 볼은 버터나 기름기 제거가 어렵기 때문에 되도록 스테인리스 볼을 추천한다. 크기별로 구비해두고 재료의 양에 따라 선택하여 사용하는 것이 좋다.

3 **온도계** 레시피에서 제시한 온도를 지키는 것은 제품의 품질을 좌우하는 매우 중요한 부분이다. 온도계 종류에는 적외선 온도계와 봉침 온도계가 있다. 일반적으로 사용이 편리한 적외선 온도계를 많이 쓰지만, 제품에 따라 액체 재료의 온도를 정확하게 재기 위해서는 봉침 온도계도 필요하다.

4 **체** 체의 간격이 좁은 가는 체와 간격이 넓은 굵은 체가 있다. 액체 재료를 거를 때는 가는 체를, 가루 재료를 체 칠 때는 굵은 체를 사용한다. 이 외에 데코할 때는 크기가 작고 망이 촘촘해서 데코 시 사용이 편리하게 제작된 '분당 체'를 쓴다.

5 **스패출러** 납작하게 생긴 칼 형태의 주걱으로 일(一)자와 L자 두 종류가 있고 크기도 다양하다. 케이크 아이싱 과정이나 반죽을 평평하고 고르게 펴는 데 주로 사용한다.

6 **밀대** 반죽을 원하는 두께로 밀어 펴는 데 사용한다. 재질은 나무와 플라스틱이 있으며 길이도 다양하기에 본인에게 편한 것을 골라서 사용한다.

7 **스크래퍼** 반죽이나 가루 재료를 긁어모으거나 분할할 때 사용한다. 각진 모양과 둥근 모양이 있는데 디저트 공정이나 종류에 따라 구별해 사용한다.

8 **저울 · 미량계(정밀 저울)** 베이킹은 재료 분량이 약간만 달라도 완성품의 품질이 달라지므로 되도록 전자저울을 구비하는 것이 좋다. 또한 베이킹파우더, 소금 등의 재료는 1g 이하 단위로 계량하는 경우가 많아 소수점까지 표시되는 미량계도 꼭 필요하다.

9 **거품기(손 휘퍼)** 기계를 사용하지 않고 손으로 반죽을 섞거나 거품을 올릴 때 사용한다. 재료의 양에 따라서 적절한 크기를 선택하여 사용한다.

10
11
12
13
14
15
16
17
18

10 **다양한 종류의 틀** 제품에 따라서 다양한 모양의 틀이 필요하다. 실리콘, 금속 재질로 나뉘며 용도에 따라 적절히 사용한다.

11 **식힘망** 오븐에서 꺼낸 갓 구운 디저트를 올려 식힐 때 쓰는 망으로 원형 또는 사각으로 되어있다.

12 **비커** 보통 액체나 묽은 반죽을 붓는 데 사용하는 그릇이며 주둥이 부분이 뾰족한 것이 특징이다. 재질은 유리 혹은 플라스틱으로 되어있으며 크기도 다양하다.

13 **빵칼** 웨이브 칼과 일자 칼이 있다. 웨이브 칼은 보통 케이크 시트인 제누아즈를 썰 때 사용하고, 일자 칼은 치즈케이크를 썰 때 사용한다.

14 **유산지 · 테프론시트 · 실리콘매트** 반죽을 구울 때 오븐 팬이나 틀에 깔아 다 구웠을 때 반죽이 달라 붙지 않도록 해준다. 테프론시트와 실리콘매트는 유산지 대신 반영구적으로 사용할 수 있는 도구다. 사용 후 깨끗이 세척 · 건조해야 한다. 단, 반죽을 칼로 재단할 경우 테프론시트와 실리콘매트 표면에 흠집이 생겨 기름 성분이 배어 다른 작업을 할 때 문제가 될 수 있으니 주의한다.

15 **각봉** 제품을 일정한 두께로 자를 때 사용한다. 두께가 다양하니 필요한 것을 선택해 사용한다.

16 **짤주머니** 반죽을 짤 때 사용한다. 천 재질의 반영구적인 짤주머니는 깨끗이 세척하여 말리지 않으면 위생 문제가 생길 수 있기 때문에 조금 비싸더라도 일회용 비닐 짤주머니를 추천한다. 여러 가지 크기가 있으니 크기별로 2~3가지 구비해두고 반죽 양에 따라 적절한 것을 골라서 사용하는 것이 좋다.

17 **붓** 제과용 붓은 틀에 버터를 바르거나 완성한 제품에 광택제를 바르는 등 다양하게 사용된다. 붓을 고를 때는 가격이 비싸더라도 털이 잘 빠지지 않는 것을 선택해야 한다. 굵기와 재질이 다양하니 필요한 것을 선택해 사용한다.

18 **무스띠** 얇은 투명 필름 형태인데 아이싱을 하지 않은 케이크의 옆면이나 무스 케이크 옆면을 유지 · 보호하는 용도이다.

CHEFMADE

믹서

반죽을 섞거나 거품을 올릴 때 사용하는 믹서는 스탠드믹서와 핸드믹서로 분류할 수 있다. 생산하고 싶은 양에 따라서 어떤 믹서를 사용할지 정하면 된다.
스탠드믹서로 가장 많이 사용되는 제품은 '키친에이드KitchenAid 5쿼터(볼리프트형)'이며 핸드믹서는 '토네이도Tornado' 혹은 '럭셀Luxel' 브랜드 제품이다.

푸드 프로세서(분쇄기)

재료를 잘게 썰거나 여러 가지 재료를 한 번에 다 같이 넣어 섞어 반죽할 때 사용한다. 가장 많이 사용되는 제품은 '한일Hanil'과 '켄우드Kenwood'가 있다.

오븐

베이킹의 가장 핵심 장비이다. 빵이 아니라 디저트를 굽는 곳에서는 4단 컨벡션 오븐을 사용하는 것이 일반적이다. 컨벡션 오븐은 공간 효율성과 설치가 데크 오븐보다 뛰어나다.
수입되는 오븐 브랜드의 종류는 갈수록 다양해지기 때문에 어떤 브랜드가 무조건 좋다고 얘기할 수는 없다. 단, 소규모로 베이킹을 하는 일반 가정이나 카페용 디저트를 판매하는 매장에서는 보편적으로 '우녹스Unox'와 '스메그Smeg' 오븐을 가장 많이 사용한다.

※ 오븐 다루는 방법은 25쪽 참고

PRÉSIDENT
French Butter
Unsalted butter
1
2
5
3
4
5
6
7
8
16
15
9
14
13
10
15
11
12
Rhum
NEGRITA
BARDINET
1857

베이킹에 사용되는 기본 재료 알아두기

1 **버터** 제품의 맛과 풍미를 담당하는 중요한 역할의 재료다. 디저트를 만들 때는 소금이 첨가되지 않은 무염 버터를 쓴다. 무염 버터는 발효 과정을 거친 발효 버터와 그렇지 않은 비발효 버터로 나뉜다. 대표적인 발효 버터 브랜드로는 '이즈니Isigny', '엘르앤비르Elle&Vire', '프레지덩President'이 있고 비발효 버터는 '서울우유', '앵커Anchor'가 있다. 발효 버터는 가격이 상대적으로 비싸지만 버터의 향과 풍미가 더 강해 구움과자류에 많이 사용된다. 이 책에서는 프레지덩을 사용했다.

2 **설탕** 설탕은 단맛을 낼 뿐만 아니라 디저트의 노화를 방지하고 구움 색도 내주는 등 여러 역할을 한다. 최근에는 제품의 당도를 낮추기 위한 노력으로 가장 먼저 설탕을 줄이는데, 이렇게 무조건 설탕을 줄이면 제품에 안 좋은 영향을 줄 수 있기 때문에 되도록 레시피에 기재된 분량을 따르는 것이 좋다. 제품에 따라 백설탕, 황설탕, 흑설탕을 적절하게 사용한다.

3 **달걀** 제과의 가장 기본 재료 중 하나다. 달걀노른자와 흰자 모두를 섞어서 사용하거나 제품에 따라 달걀노른자와 흰자를 분리해 사용하기도 한다. 달걀을 다룰 때는 손 세정에 각별히 신경을 써야 한다. 달걀을 만진 손으로 작업할 경우 살모넬라균에 노출될 수 있으므로 예방을 위해 달걀을 만진 후에는 꼭 손을 씻는다.

4 **밀가루** 단백질 함량에 따라 강력분(11~13%), 중력분(8~11.5%), 박력분(5~8%)으로 나누어진다. 박력분은 상대적으로 가벼운 식감을 주기 때문에 주로 제과에 사용하며 강력분은 제빵에 많이 사용한다.

5 **우유·생크림** 우유는 제품의 영양가를 높이고 수분을 공급하는 역할을 한다. 일반적으로 흰 우유를 사용한다. 생크림은 식물성과 동물성 생크림으로 나뉘며 제과에서는 대부분 유지방 함량 35% 이상인 동물성 생크림을 사용한다.

6 **분당** 설탕 100%를 곱게 간 분말이다. 설탕보다 입자가 고와 설탕이 부드럽게 잘 섞여야 하는 제품에서 사용한다. 분당과 슈가파우더, 데코 화이트는 다른 것이다. 슈가파우더는 분당에 옥수수 전분을 소량 섞어 분당의 덩어리지는 단점을 보완한 것이며 데코 화이트는 분당에 전분과 식물성 유지를 더한 것으로 장식용으로만 사용한다.

7 꿀 설탕과 같이 단맛을 내는 재료로 제누아즈, 마들렌 등에 쓰인다. 꿀을 넣으면 제품에 촉촉함을 준다.

8 아몬드가루 아몬드를 곱게 갈아서 만든 가루다. 맛과 풍미를 살려주는 역할을 하며 저탄수화물 베이킹에도 자주 쓰인다.

9 베이킹파우더 · 베이킹 소다 반죽에 넣는 팽창제이다. 베이킹파우더는 베이킹 소다 특유의 신맛과 향을 없애기 위해 중화제 역할을 하는 산성 가루와 전분을 섞은 것으로, 제과에서는 보통 베이킹파우더를 사용한다. 개봉한 지 오래되었거나, 보관을 잘못한 것은 팽창력이 저하되어있을 수 있으니 사용하지 않는 것이 좋다. 또한 베이킹 소다는 너무 많은 양을 넣으면 떫은맛이 나니 주의한다.

10 바닐라빈 바닐라빈은 크게 마다가스카르산과 타히티산으로 나뉘는데 일반적으로는 마다가스카르산을 많이 사용한다. 보통 바닐라빈 안에 있는 씨를 긁어서 사용하는데 사용하고 남은 껍질은 말려서 **바닐라파우더**로도 사용한다. 바닐라빈은 냉장 보관한다.

※ 바닐라 익스트랙 : 바닐라빈을 알코올에 숙성시켜 향을 추출한 제품. 달걀, 우유 등의 비린내를 없애주는 역할을 한다.

바닐라파우더 바닐라 씨를 긁어낸 바닐라빈 껍질을 활용하는 가장 좋은 방법으로 '바닐라파우더 만들기'가 있다. 바닐라빈 껍질은 씨만큼 향이 강하지 않기 때문에 우려내는 용도로는 사용하지 않으며 곱게 갈아 파우더로 만들어 바닐라 파운드케이크 등 디저트 반죽 안에 넣어 사용한다.

바닐라파우더 만들기

바닐라빈 씨를 긁어낸 바닐라빈 껍질을 건조한 곳에 두거나 50C°의 오븐에 넣어 1시간 이상 완전히 바삭하게 말린 후 분쇄기에 넣고 곱게 간다. 체에 친 후 밀폐 용기에 넣어 보관한다. 실온에서 6개월 이상 보관 가능하다.

1

2

---

11 건과일 상큼하고 달콤한 맛을 주는 부재료이다. 크렌베리와 건포도가 가장 많이

쓰인다. 베이킹 전에 전처리해서 사용하는 것을 추천한다.

건과일 전처리하기

건과일을 전처리하는 이유는 수분을 공급하고 알코올로 소독하기 위함이다.

볼에 건과일과 럼을 건과일이 젖을 정도로만 붓고 섞은 후 10~15분간 둔다. 체에 밭쳐 럼을 제거한 후 사용한다.

1

2

12 **견과류** 제과에서는 다양한 견과류를 즐겨 사용한다. 모든 견과류는 전처리하는 것이 일반적이다.

견과류 전처리하기

견과류를 전처리하면 안 좋은 냄새를 최대한 없애고 고소한 맛을 끌어올릴 수 있다.

오븐 팬에 유산지를 깔고 견과류를 올려 골고루 펼친 후 160C°로 예열한 오븐에 넣어 160C°에서 10~15분 정도 타지 않고 노릇할 때까지 굽는다. 견과류의 종류나 크기, 양에 따라 굽는 시간을 달리한다. 견과류 중에서 호두는 끓는 물에 넣어 1~2분간 데친 후 물기를 제거한 후 굽는다.

13 **초콜릿** 초콜릿은 커버춰 초콜릿과 코팅 초콜릿으로 나눌 수 있다. 커버춰 초콜릿은 반죽 만들 때 넣고 코팅 초콜릿은 데코용으로 사용한다. 커버춰 초코릿은 '발로나Valrhona'와 '칼리바우트Callebaut' 등 다양한 브랜드가 있다. 초콜릿은 브랜드에 따라 가격 편차가 크기 때문에 매장에서 사용할 때는 사업적으로 고민한 후 선택해야 하는 대표적인 재료다.

14 리큐르 증류주를 기초로 향미를 배합한 술이다. 디저트에 리큐르를 사용하는 이유는 잡내를 잡아주며 제품의 맛과 향을 살려주기 때문이다. 가장 흔하게 사용되는 리큐르로는 럼Rum, 쿠앵트로Cointreau, 키르슈Kirsch가 있다.

15 젤라틴 · 펙틴 응고제로 가장 많이 사용되는 재료로써 온도에 따라 농도에 영향을 주기 때문에 레시피에 제시된 온도를 꼭 지켜야 한다. 펙틴은 과일잼과 콩피에 쓰이고 젤라틴은 무스에 사용하며, 가루와 판 형태가 있다. 입문자에게는 사용하기 편한 판 형태를 추천한다.

16 식용 색소 시각적 효과를 위해 사용하는 재료다. 색소의 형태로는 가루, 액체, 젤이 있으며 색감도 여러 가지다. 수입품은 정식 통관된 색소를 사용해야 한다.

베이킹에 사용되는 기본 테크닉 & 용어 알아두기

주걱 잡는 법

디저트를 만들 때는 많은 도구 중에서 주걱을 사용하는 시간이 가장 길다. 그렇기 때문에 그립(잡는 법)이 매우 중요하다. 물론 개인에 따라 그립이 약간 다를 수 있지만 가장 보편적으로 추천하는 그립 방법은 주걱 끝부분을 손바닥으로 제대로 감싸는 것이다.

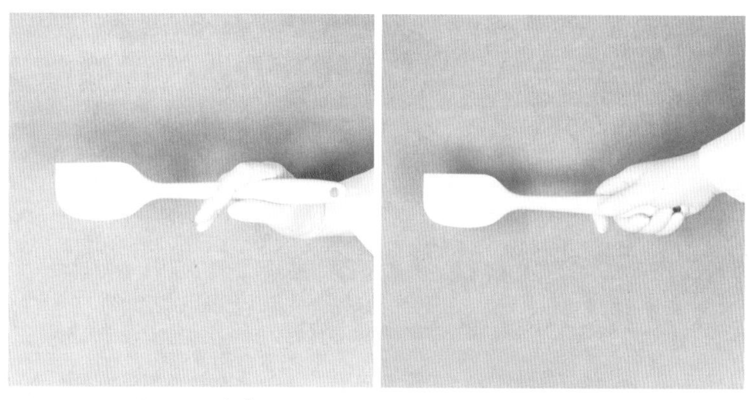

잘못된 그립(X) 올바른 그립(O)

반죽 섞는 법

반죽은 덜 섞어도, 과하게 섞어도 안 된다. 반죽을 충분히 섞지 않으면 가루 재료가 남아있는 문제가 발생한다. 하지만 반대로 이를 보완하려고 과하게 섞으면 볼륨이 줄거나 글루텐이 과하게 형성되어 식감에 부정적인 영향을 준다. 적당하게 섞는 것이 중요하지만, 처음 제과를 시작할 때는 '적당하게' 반죽을 섞는 것이 어렵게 느껴질 수 있다. 반죽을 섞을 때 추천하는 방법은 크게 알파벳 J 모양으로 그리면서 가루 재료를 빠르게 섞는 것이다.

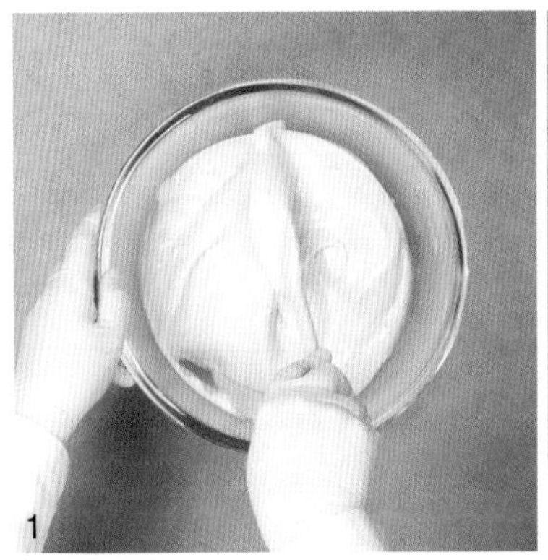

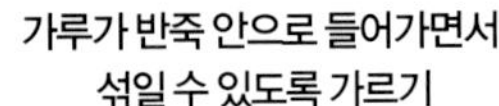

가루가 반죽 안으로 들어가면서
섞일 수 있도록 가르기

알파벳 J를 그리면서
가루 섞기

짤주머니 다루는 법

짤주머니는 제과 입문자가 다루기 어려운 도구 중 하나이다. 반죽을 틀에 담을 때 항상 짤주머니를 사용해야 하는 것은 아니지만 반죽 양을 조절해야 할 때는 짤주머니가 유용하다. 짤주머니를 잡을 때 가장 흔하게 하는 실수는 엄지와 검지로 팽팽하게 잡지 않고 주먹 쥐는 형태로 잡는 것이다. 반죽을 감싸듯 가볍게 잡아야 한다.

잘못된 그립(X)

올바른 그립(O)

오븐 다루기(예열/굽기)

오븐은 베이킹에서 가장 핵심이 되는 장비이다. 오븐을 다룰 때 가장 주의해야 할 두 가지는 예열하는 것과 제품별로 다른 오븐 온도와 시간을 잘 파악한 후, 가지고 있는 오븐의 상태에 맞춰 잘 조절하여 굽는 것이다.

1) 예열

오븐은 사용하기 전에 항상 예열을 해야 한다. '예열'은 제품을 오븐에 넣기 전에 원하는 온도로 오븐 안의 온도를 맞추는 작업이다. 예열 온도와 굽는 온도가 같은 경우도 있고, 제품을 오븐에 넣으려고 문을 열었을 때 온도가 낮아지는 폭을 고려하여 예열 온도를 굽는 온도보다 높게 설정하는 경우도 있다.

2) 굽기

레시피에 기재된 온도와 시간에 맞춰 구웠지만, 최종 제품이 만족스럽지 않을 때가 있다. 이것은 오븐의 차이 때문이다. 데크 오븐과 컨벡션 오븐은 굽는 방식이 완전히 다르며 일반적으로 소규모 디저트 매장에서 많이 사용하는 컨벡션 오븐도 제조사와 모델에 따라서 제품을 구웠을 때 결과물이 다르다. 그렇기 때문에 레시피에 기재된 온도와 시간은 일반적인 가이드로 삼고 본인 오븐에 맞는 온도와 시간으로 보정하는 작업이 반드시 필요하다. 즉, 오븐을 사용할 때는 본인이 사용하는 오븐의 특성을 먼저 파악해야 한다는 뜻이다. 같은 회사의 같은 모델이더라도 굽는 온도가 살짝 다를 수 있으며 팬Fan의 세기가 다를 수 있다.

또한 일반적으로 사용하는 4단 컨벡션 오븐의 경우 1~4단의 열기가 고르지 않기 때문에 단마다 구움 정도가 다르며, 오븐의 좌측과 우측 또한 구움 정도가 다르다. 편차가 크지 않으면 괜찮지만, 오븐에 따라 편차가 심하다면 이러한 특성을 고려해서 중간에 판을 돌려주는 작업을 해주어야 한다.

마지막으로 완성된 디저트의 구움 정도를 확인할 때는 팬을 밖으로 꺼내지 말고, 재빨리 문만 열어 꼬치 테스트를 한다. 젖은 반죽이 묻어 나오면 덜 익은 것이니 문을 닫고 1~2분간 더 굽는다. 혹시 덜 익었다면 문만 닫아 추가로 더 구우면 된다.

버터 · 초콜릿 녹이기

중탕과 전자레인지를 사용하는 방법이 있다. 중탕할 때는 중탕물이 반죽에 들어가지 않도록 주의해야 한다. 반대로 전자레인지로 녹이면 중탕보다 편하긴 하지만 버터의 수분이 갑자기 튀면서 전자레인지 내부에 묻을 수 있다. 또한 초콜릿의 경우 중간중간 전자레인지에서 꺼내 섞어주기를 반복하지 않으면 초콜릿이 타버릴 수 있으니 신경 써서 녹여야 한다.

잼 보관용 병 소독하기

잼이나 과일 청 등을 보관하는 유리병은 깨끗이 소독한 후 사용해야 빨리 상하지 않는다. 가정에서도 손쉽게 따라 할 수 있는 열탕 소독법을 소개한다.

병 소독하기

1. 냄비에 물과 병을 넣고 센 불에서 15분간 끓인다.
   ※물이 뜨거울 때 병을 넣으면 깨질 수 있으니 찬물에 넣고 같이 끓인다.
2. 병을 꺼내기 직전 병뚜껑을 끓는 물에 넣은 후 함께 꺼낸다.
3. 병과 병뚜껑을 자연 건조한 후 사용한다.

용어 밀착 래핑

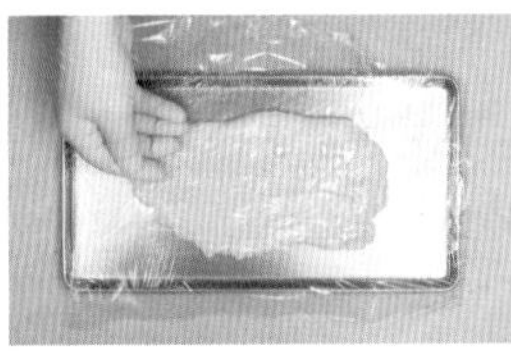

반죽 표면에 랩이 닿도록 밀착해서 랩을 씌우는 것을 '밀착 래핑'이라고 한다. 이렇게 씌워두면 반죽 표면이 마르는 것과 랩 안쪽에 물이 생기는 것을 최대한 방지할 수 있어 세균 번식을 억제하는 효과가 있다.

용어 팬닝

반죽을 틀에 담거나 팬에 나열하는 것. 틀의 크기에 따라 짤주머니를 사용할 수 있다.

용어 완만 해동

냉동실에 보관했던 완성 디저트를 실온에 바로 꺼내놓기보다는 냉장실에 넣어 천천히 녹이는 것이다. 그 후에 실온에 꺼내 추가로 녹인다. 완만하게 해동해야 제품의 품질을 최대한 보존할 수 있다.

작업 효율성을 위한 기본 팁Tip 알아두기

묶어서 계량하기

매장을 운영할 때나 홈베이킹을 할 때도 '효율'은 가장 중요한 단어이다. 생산 효율에는 단지 제품을 반죽해서 굽는 시간만 포함되는 것이 아니라 계량하는 시간도 포함이 되기 때문에 계량 시간을 줄일 수 있다면 이 또한 생산 효율에 기여하는 것이다.

이 책에서는 레시피를 기재할 때 재료들을 묶어서 구분하였다. 예를 들어 100쪽 플레인 스콘 레시피를 보면 박력분, 베이킹파우더, 소금, 설탕 4가지 재료들이 같이 묶여있는 것을 볼 수 있다.

재료	분량
버터(냉장)	64g
박력분	163g
베이킹파우더	6.3g
소금	1.3g
설탕	39g
달걀(냉장)	37g
생크림(냉장)	60g

이렇게 묶어둔 재료는 다 같이 계량하면 된다. 한꺼번에 계량하면 시간도 절약되고 사용하는 믹싱 볼의 개수도 줄어든다. 예시로 든 플레인 스콘의 경우 재료별로 계량했다면 7개의 볼이 필요하지만, 묶어서 계량하면 총 3개의 볼만 필요해 획기적으로 그 수가 줄어든다. 이 책의 모든 레시피에 이러한 계량 방식이 적용되어 있으니 최대한 활용하기 바란다.

손실Loss 줄이기(싹싹 긁어서 사용하기)

별것 아닌 것 같겠지만 제품의 결과에 큰 영향을 끼치는 부분이 반죽 손실이다. 당연한 부분이지만 실제로 이런 수강생을 자주 목격한다. 볼에 담겨 있는 재료를 깔끔하게 긁지 않고 그릇에 묻은 것을 버리게 되면 전체 배합이 무너지거나 최종 중량이 적어질 수 있다. 정확하게 계량한 의미가 퇴색되는 것이다. 그래서 작업을 할 때 모든 재료를 깔끔하게 긁어서 사용하는 습관은 매우 중요하다.

분량 늘리기/줄이기

일반적으로 크기가 같고, 개수만 늘리고 줄일 때는 단순히 재료 분량에 배수를 곱해 반죽하면 된다(2배, 0.5배 등). 예를 들어 쿠키 6개 분량 기준 레시피인데 12개를 만들고 싶다면 모든 재료의 양을 2배로 늘리면 된다.
그러나 크기를 변경하는 경우 계산법이 복잡해진다. 가장 흔한 경우는 제누아즈를 만들 때인데, 원형 틀의 크기를 키운다면 단순히 지름의 배수가 아니라 부피의 배수를 구해야 한다. 일반적으로 쓰이는 원형 틀을 기준으로 아래 배합을 제시하니 참고하기 바란다.

1호 틀(지름 15cm): 1배
2호 틀(지름 18cm): 1호 레시피 재료 분량의 1.5배
3호 틀(지름 21cm): 1호 레시피 재료 분량의 2배

만들어 두면 요긴하게 쓰는 데코레이션 재료 만들기

시럽

시럽의 기본적인 용도는 디저트에 촉촉함을 추가하는 것이다. 이 책에서는 큐브 파운드케이크와 보틀 케이크 시트에 사용했다. 리큐르는 쿠앵트로뿐만 아니라 키르슈 등 용도에 맞게 골라서 사용하면 된다.

재료
설탕 50g
물 100g
쿠앵트로 3g

01 냄비에 물, 설탕을 넣고 한소끔 끓인다.

02 뜨거울 때 쿠앵트로를 넣고 충분히 식힌 후 냉장 보관한다.

※ 10일간 냉장 보관 가능하다.

캐러멜

캐러멜은 제과 품목에 많이 사용되기 때문에 중요한 기본 테크닉이다.

재료
설탕 100g
생크림 100g

01 냄비에 설탕을 여러 번 나누어 넣으며 중약 불로 녹인다.

※ 설탕을 한 번에 다 넣으면 잘 녹지 않고 탈 수 있다.

02 진한 밤색이 될 때까지 녹인다.

03 데운 생크림(80℃ 이상)을 3~4회 나누어 부어가며 잘 섞는다.

※ 한 번에 부으면 순간적으로 넘쳐 화상을 입을 수 있다.

04 생크림을 다 넣으면 불을 끄고 잘 젓는다.

OPTION 솔티 캐러멜을 만드는 경우에는 과정 ④에서 소금(1~2g)을 넣는다.

※ 4주간 냉장 보관 가능하다.

캐러멜라이즈드 너트

아몬드, 피칸, 헤이즐넛 등의 견과류에 캐러멜을 입히는 작업으로, 데코용으로 활용도가 높다.

※ 견과류는 21쪽을 참고해 전처리한다.

재료
아몬드(또는 다른 견과류) 125g
설탕 40g
물 10g
버터 5g

01 냄비에 물, 설탕을 넣고 110℃가 될 때까지 끓인다.

02 전처리한 아몬드를 넣고 결정화가 이루어질 때까지 약한 불에서 계속 버무린다.

03 계속 열을 가하여 결정화된 설탕을 캐러멜화한다.

04 설탕이 진한 밤색을 띠면 불을 끈다.

05 버터를 넣고 버무린다.

06 실리콘 매트에 올린 후 서로 붙지 않게 빨리 펼쳐 식힌다. 식으면 밀폐 용기에 넣어 보관한다.

※ 4주간 냉장 보관 가능하다.

바닐라 파티시에 크림

'파티시에 크림'은 '커스터드 크림'이라고도 불린다. 제과 전반적으로 많이 사용되는 크림으로, 가장 기본형은 바닐라빈을 우려낸 '바닐라 파티시에 크림'이다. 이 책에서는 70쪽 바닐라 마들렌의 인서트로 사용했다.

재료
우유 100g
바닐라빈 1/5개
설탕 25g
옥수수 전분 7.5g
달걀노른자 25g

01 바닐라빈 씨를 긁어낸다. 냄비에 우유, 바닐라빈 씨, 바닐라빈 껍질을 넣고 냄비 가장 자리에 기포가 생길 때까지 끓인다.

02 체에 거른다.

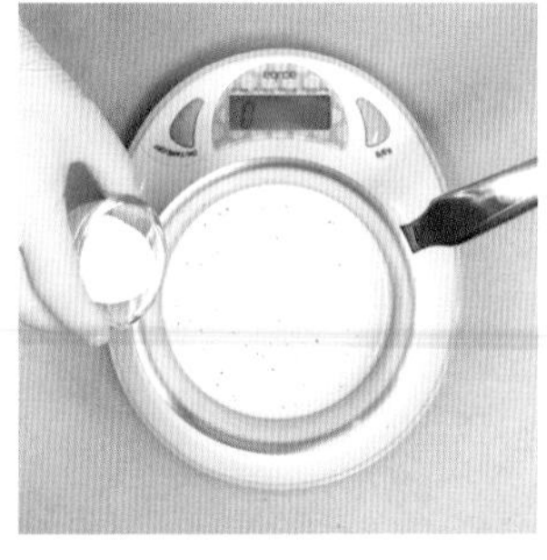

03 재계량*하여 우유가 총 100g이 되도록 우유를 추가해 맞춘다.

* 바닐라빈이 흡수하거나 체에 거를 때 생긴 손실을 보충하는 과정

04 ③에 설탕, 옥수수 전분을 넣고 섞은 후 달걀노른자를 넣고 섞는다.

05 중간 불에서 계속 저어가며 부드럽고 윤기가 날 때까지 끓인다. (묽다 → 되직하다 → 부드럽고 윤기가 난다)

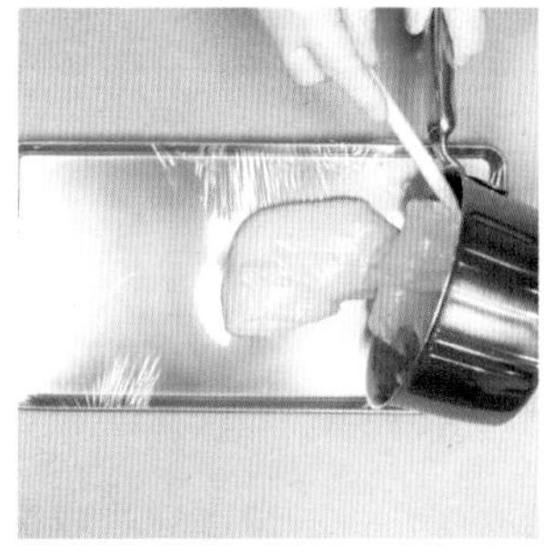

06 스테인리스 트레이에 비닐 랩을 깔고 그 위에 크림을 붓는다.

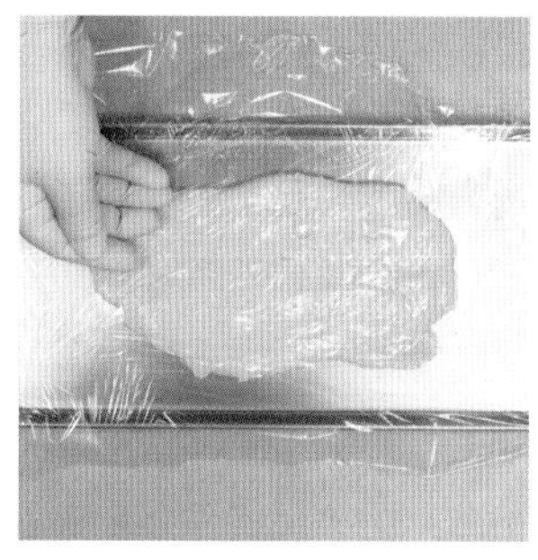

07 밀착 래핑*해 냉장실에 넣는다.

*26쪽 참고

※ 냉장실에 넣어 온도를 빠르게 낮추고, 밀착 래핑하여 수증기가 생기는 것을 방지해 세균 번식을 최소화한다.

08 냉장실에서 꺼내 사용한다.

※ 냉장실에서 바로 꺼내면 덩어리져있기 때문에 거품기로 잘 풀어서 사용한다.

※ 2일간 냉장 보관 가능하다.

아이싱

장식할 때 아이싱을 많이 사용한다. 아이싱 배합은 디저트에 따라 달라지므로 각 레시피에 소개된 배합을 참고한다.

재료	
레몬 아이싱	분당 50g
	생 레몬즙 10~15g

01 볼에 분당을 체에 쳐서 넣고 생 레몬즙을 넣는다.

02 매끄러워질 때까지 섞는다.

※ 미니 거품기를 활용하면 뭉치지 않고 쉽게 녹는다.

※ 미리 만들어 놓으면 마르면서 농도가 달라지니 사용하기 직전에 만드는 것을 추천한다.

제과에서 장식으로 많이 사용되는 파스티야주는 만들기도 어렵지 않으며 보관 기간이 길어서 넉넉히 만들어 저장해두고 사용하기 편하다.

재료	
꽃잎	젤라틴 2g
	레몬즙 2.5g
	분당 100g
수술	달걀흰자 3g
	분당 15g
	식용 색소 적당량

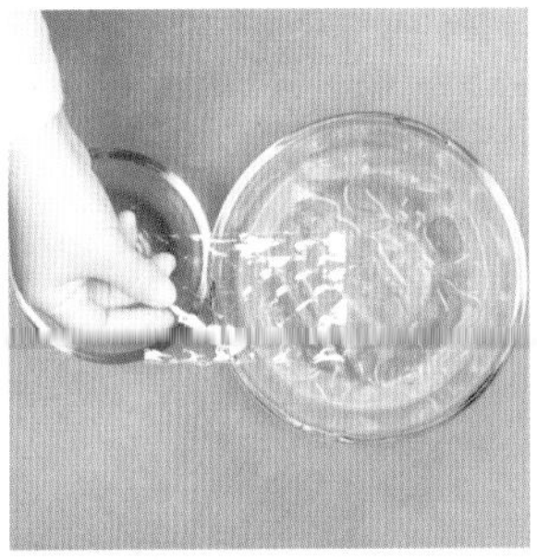

01 얼음물에 젤라틴을 넣어 10분간 담가둔다.

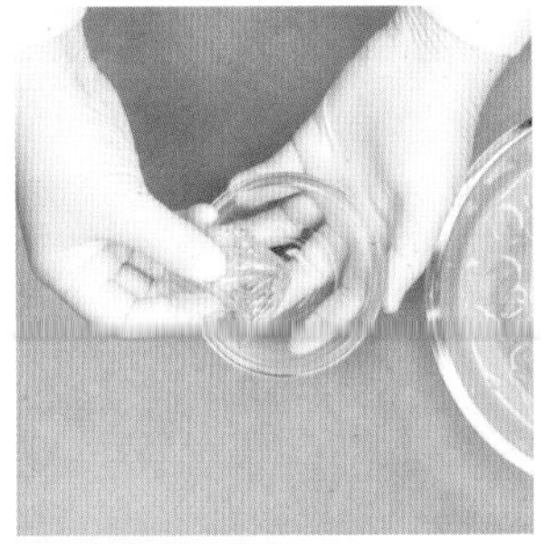

02 볼에 레몬즙, 물기를 제거한 ①의 젤라틴을 넣고 전자레인지에 넣어 50~60℃로 녹인다.

03 다른 볼에 꽃잎 재료의 분당을 체에 쳐서 넣고 ②를 조금씩 넣어가며 핸드믹서로 섞는다.

04 반죽을 주걱으로 뭉친다.

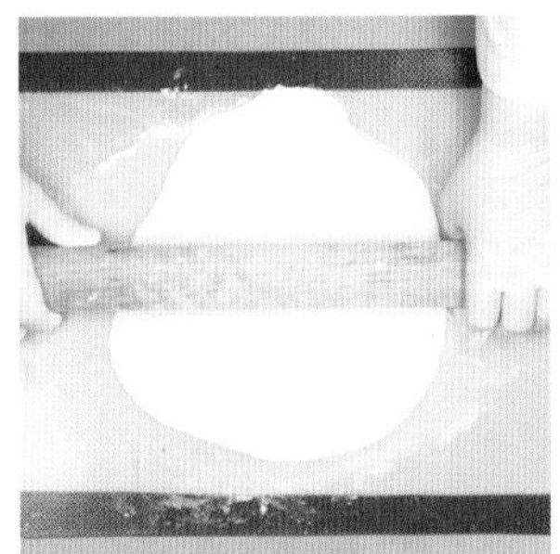

05 매트와 반죽 윗면에 덧가루(전분과 분당을 1:1로 섞은 것)를 뿌린 후 밀대로 반죽을 얇게 편다.

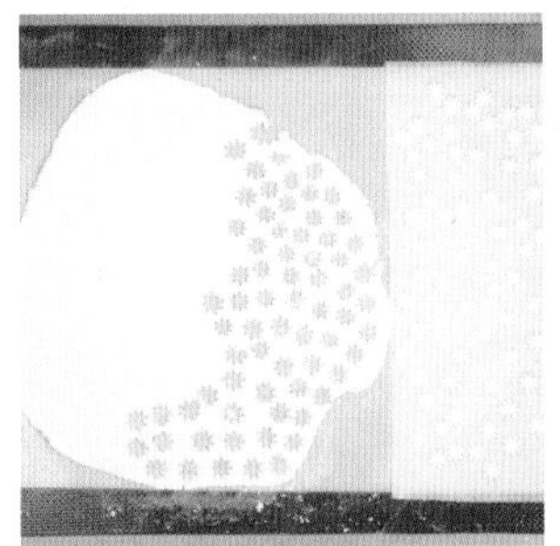

06 플런저 커터로 찍는다.

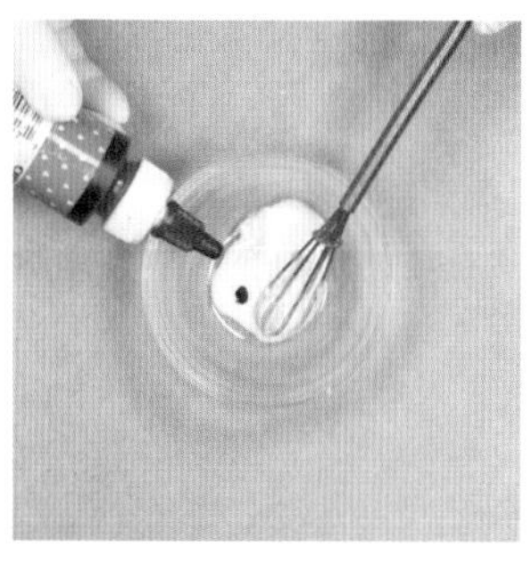

07 볼에 수술 재료인 달걀흰자, 분당, 식용 색소를 넣고 잘 섞은 후 짤주머니에 넣는다.

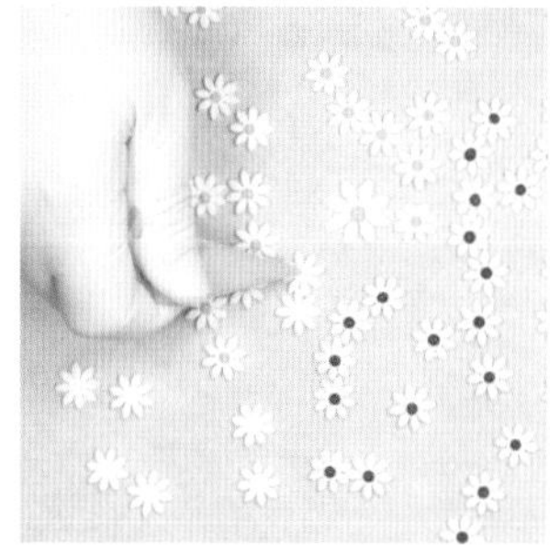

08 플런저 커터로 찍어낸 꽃 모양 위에 ⑦을 짠 후 실온에서 24시간 건조한다.

※ 8주간 실온 보관 가능하다.

스포이드(레몬)

스포이드는 안에 넣은 시럽을 먹기 직전 뿌려 먹을 수 있도록 해 맛을 보강하고, 데코용으로 사용해 비주얼적으로 활용하려는 목적이 있다. 1.2*ml* 스포이드를 원하는 길이로 잘라 사용한다.

재료	
레몬 스포이드	생 레몬즙 50g
	설탕 40g
블루베리 스포이드	블루베리 퓨레 30g
	설탕 10g
	물 15g
메이플 스포이드	메이플시럽 적당량

01 냄비에 생 레몬즙과 설탕을 넣고 한소끔 끓인 후 식혀 체에 거른다(블루베리 스포이드는 모든 재료를 넣고 끓인다).

02 스포이드에 시럽을 넣는다.

※ 2주간 냉장 보관 가능하다.

초코 글레이즈

초콜릿을 활용한 데코 방법에는 여러 가지가 있는데, 그중 초코 글레이즈는 만들기 쉽고 활용도가 높으며, 디저트 제품의 완성도를 높일 수 있는 재료다.

재료
다크 코팅 초콜릿 100g
포도씨유 10g
헤이즐넛 분태 (또는 다른 견과류 분태) 25g

01 팬에 유산지를 깔고 헤이즐넛 분태를 올린 후 160℃로 예열된 오븐에 넣어 10~12분간 굽는다.

02 볼에 50℃로 녹인 다크 코팅 초콜릿을 넣고 포도씨유를 부어 잘 섞는다.

03 전처리한 헤이즐넛 분태를 넣고 섞는다.

04 30℃ 정도로 온도를 맞춰 사용한다.

앙버터

팥앙금과 버터를 조합한 재료다. 최근 인기를 끌며 스콘, 프레첼, 페이스트리 등 다양한 베이킹에 사용하고 있다. 보통 팥과 버터를 분리하여 한 줄씩 따로 넣지만 본 책에서는 같이 섞어 더 잘 어우러지도록 하였다.

재료
팥배기 50g
팥앙금 50g
실온 버터 100g
소금 1g

01 볼에 모든 재료를 넣고 섞는다.

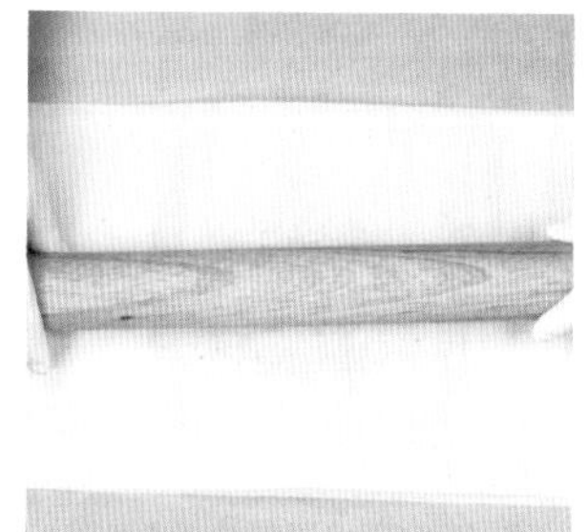

02 앙버터를 유산지 사이에 넣고 원하는 두께로 밀어 편 후 냉동실에 넣어 굳힌다.

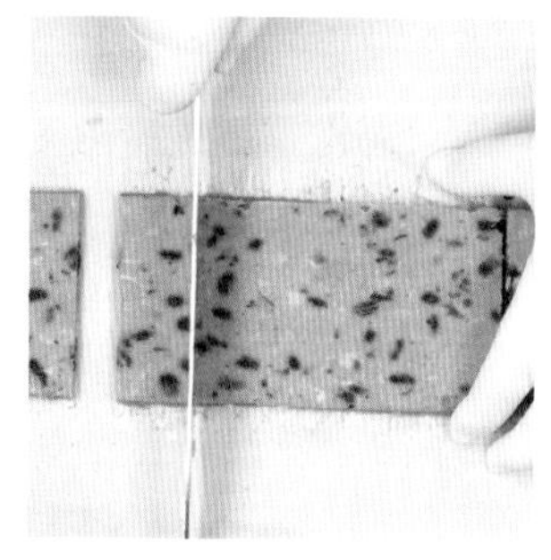

03 유산지를 벗겨 적당한 크기로 썬다.

※4주간 냉동 보관 가능하다.

CUBE
POUND
CAKE

1

CUBE POUND CAKE

큐브 파운드케이크

파운드케이크는 영국에서 밀가루, 설탕, 버터, 달걀을 각각 1파운드Pound씩 넣어 만들었다 해서 유래된 이름이다. 현재는 만드는 사람의 스타일에 따라 재료 배합과 모양을 약간 변형하기도 한다. 이번 챕터에서 소개할 큐브 파운드케이크는 정육면체 모양 파운드케이크로 전통적인 파운드케이크보다 작고, 식감은 살짝 가볍다.

큐브 파운드케이크는 한 개씩 먹기 편해 카페 디저트로 판매 시 구매 접근성이 좋고 개별적으로 데코Decoration할 수 있어 앙증맞고 예쁜 것도 특장점이다.

알려두기

- 파운드케이크는 재료의 종류가 적고 만드는 방법도 간단하지만, 반죽이 잘 분리되어 실패할 수 있기 때문에 쉬우면서도 어려운 디저트다. 지금부터 소개할 레시피에는 큐브 파운드케이크의 맛을 끌어올린 최적의 레시피 배합과 반죽 분리 가능성을 줄인 노하우가 담겨있다.
- 큐브 파운드케이크 틀은 '실리코마트'의 '큐브 8구 SF104'를 사용했다.
  ※ 1구 크기 5cm(가로)×5cm(세로)×5cm(높이)
- 모든 반죽 재료는 실온(20℃ 전후) 상태로 준비한다.
- 갓 구운 파운드는 조심스럽게 다루지 않으면 부서질 수 있으니 주의한다.
- 시럽 만드는 방법은 29쪽을 참고한다.
- 뜨거울 때 시럽을 발라야 끈적이지 않고 잘 스며들며 식감도 촉촉하게 유지된다.

보관하기

- 반죽 : 보관 불가
- 완성한 큐브 파운드케이크 : 실온 밀폐 보관 3~4일, 냉동 보관 2주(※ 완만 해동하여 섭취)

Chocolate Cube Pound Cake

초코 큐브 파운드케이크

8개분 | 170℃에서 20~25분

초코 맛은 플레인Plain 다음으로 갖추어야 할 만큼 대중적으로 인기 있는 맛이다. 큐브 파운드케이크도 예외는 아니다. 보통 초코 맛을 내기 위해 코코아파우더만 넣는데, 슈가레인은 커버춰 초콜릿을 함께 사용해 진한 맛을 낸다. 또한 아몬드 분태를 섞은 초코 글레이즈Glaze를 올려 고소함과 씹는 맛을 더했다.

재료	분량
버터	135g
설탕	122g
달걀	135g
박력분 베이킹파우더 코코아파우더	95g 3.6g 40g
다크 커버춰 초콜릿	40g
시럽*	적당량

Deco 초코 글레이즈**	
다크 코팅 초콜릿 / 포도씨유 / 아몬드 분태	40g / 4g / 10g

* 29쪽을 참고해 만든다.
** 36쪽을 참고해 만든다.

알아두기

재료	• 코코아파우더: 발로나Valrhona 제품 사용 • 다크 커버춰 초콜릿: 칼리바우트Callebaut 제품 사용 • 다크 코팅 초콜릿: 카카오바리 빠떼아글라세 브룬Cacaobarry Pate A Glacer Brune 제품 사용
기타	• 재료는 실온 상태로 준비하고 오븐은 190℃로 예열한다. • 초코 글레이즈는 실온 보관 및 재사용이 가능하다. 전자레인지 혹은 중탕으로 녹인 후 27~29℃로 맞춰 사용한다.

SUGAR
LANE
BAKING

01 다크 커버춰 초콜릿을 중탕으로 혹은 전자레인지에 넣어 50℃ 이하로 녹인다.

※ 너무 오래 녹이면 자칫 초콜릿이 타버릴 수 있으니 50℃가 넘지 않도록 주의한다.

02 믹싱 볼에 버터를 넣고 핸드믹서 1~2단으로 부드럽게 푼다.

03 설탕을 두 번에 나누어 넣으면서 설탕이 어느 정도 녹고 버터 색이 밝아질 때까지 휘핑한다.

04 가루 재료(박력분, 베이킹파우더, 코코아파우더) 30% 정도를 체에 쳐서 넣고 핸드믹서 1~2단으로 가볍게 섞는다.

※ 가루 재료를 조금 넣어 섞으면 반죽이 분리될 확률이 줄어든다.

05 실온에 둔 달걀 1/5 분량을 넣고 잘 섞는다. 남은 달걀도 동일하게 네 번 나누어 넣어가며 잘 섞는다.

※ 달걀이 실온 상태여야 반죽이 분리될 확률을 줄일 수 있다.

06 남은 가루 재료를 모두 체에 쳐서 넣고 가루가 살짝 보이도록 가볍게 섞는다.

※ 반죽을 완전히 섞은 후 녹인 초콜릿을 넣고 또 섞으면 글루텐이 과하게 생성되어 식감이 덜 부드러울 수 있으니 주의한다.

07 과정 ①의 녹인 다크 커버춰 초콜릿(30℃)을 넣는다.

※ 초콜릿 온도가 30℃가 넘으면 버터가 녹기 때문에 온도를 정확히 맞춘다.

08 반죽이 고르고 매끄러운 상태가 되도록 섞는다.

※ 반죽을 너무 오래 섞으면 글루텐이 과하게 형성되어 식감이 덜 부드러울 수 있으니 주의한다.

09 짤주머니에 반죽을 넣어 틀의 60% 정도만 채운다. 반죽이 평평해지도록 틀을 살짝 들었다가 놓아가며 충격을 준다. 190℃로 예열한 오븐에 넣어 170℃에서 20~25분간 굽는다.

10 오븐 문을 열고 파운드케이크를 나무 꼬치로 찔렀을 때 젖은 반죽이 묻어나오지 않으면 다 구워진 것이다. 오븐에서 꺼내 잠시 식힌 후 조심스럽게 틀에서 분리해 식힘망에 올린다.

11 큐브 파운드케이크가 아직 뜨거울 때 시럽에 살짝 담갔다가 꺼낸다.

12 식힘망에 올려 완전히 식힌 후 27~29℃로 온도를 맞춘 초코 글레이즈를 올린다.

Caramel Cube Pound Cake

캐러멜 큐브 파운드케이크

8개분 | 170℃에서 20~25분

일반적인 캐러멜 맛 베이킹 레시피는 반죽에만 캐러멜을 넣기 때문에 향미가 묻히는 경우가 많았을 것이다. 이런 단점을 보완하기 위해 완성 제품에 캐러멜을 드리즐Drizzle하고 캐러멜라이즈드 너트Caramelized Nut를 올려 진한 캐러멜 맛을 살리고 고소함을 더했다.

재료	분량
버터	140g
설탕	55g
달걀	140g
박력분 베이킹파우더	145g 3.2g
캐러멜*	80g
시럽**	적당량

Deco 1	
캐러멜*	50g~70g

Deco 2	
캐러멜라이즈드 너트***	적당량

* 30쪽을 참고해 만든다.

** 29쪽을 참고해 만든다.

*** 31쪽을 참고해 만든다.

알아두기

기타	• 재료는 실온 상태로 준비하고 오븐은 190℃로 예열한다. • 냉장 보관한 캐러멜은 굳어있을 수 있으니 실온에 미리 꺼내 두었다가 사용한다.

SUGAR
LANE
BAKING

01 믹싱 볼에 버터를 넣고 핸드믹서 1~2단으로 부드럽게 푼다.

02 설탕을 두 번에 나누어 넣으면서 설탕이 어느 정도 녹고 버터 색이 밝아질 때까지 휘핑한다.

03 가루 재료(박력분, 베이킹파우더) 30% 정도를 체에 쳐서 넣고 핸드 믹서 1~2단으로 가볍게 섞는다.

※ 가루 재료를 조금 넣어 섞으면 반죽이 분리될 확률이 줄어든다.

04 실온에 둔 달걀 1/5 분량을 넣고 잘 섞는다. 남은 달걀도 동일하게 네 번 나누어 넣어가며 잘 섞는다.

※ 달걀이 실온 상태여야 반죽이 분리될 확률을 줄일 수 있다.

05 나머지 가루 재료를 모두 체에 쳐서 넣고 가볍게 섞는다.

06 반죽이 고르고 매끄러운 상태가 되도록 섞는다.

※ 반죽을 너무 오래 섞으면 글루텐이 과하게 형성되어 식감이 덜 부드러울 수 있으니 주의한다.

07 완성된 반죽에 캐러멜을 넣고 가볍게 섞는다. 이때 완전히 섞지 않고 캐러멜 마블링이 보이도록 적당히 섞어야 완성된 파운드에 마블 무늬가 생겨 비주얼적인 효과를 준다.

08 짤주머니에 반죽을 넣어 틀의 60% 정도만 채운다. 반죽이 평평해지도록 틀을 살짝 들었다가 놓아가며 충격을 준다. 190℃로 예열한 오븐에 넣어 170℃에서 20~25분간 굽는다.

09 오븐 문을 열고 꼬치 테스트를 한 후 익었으면 꺼낸다. 잠시 식힌 후 틀에서 분리한다. 파운드케이크가 뜨거울 때 시럽에 살짝 담갔다가 꺼내 식힘망에 올려 식힌다.

10 데코용 캐러멜을 짤주머니에 넣고 파운드케이크 윗면에 짠다. 실내 온도가 높으면 캐러멜이 흘러내려 지저분해질 수 있으니 파운드케이크를 냉장실에 15분 정도 넣어두었다가 꺼내서 작업한다.

11 캐러멜라이즈드 너트를 올려 완성한다.

Earl Grey Cube Pound Cake

얼그레이 큐브 파운드케이크

8개분 | 170℃에서 20~25분

시판 얼그레이 티Tea를 사용하여 쉽게 만들 수 있는 제품이다. 같은 파운드케이크라도 얼그레이 티를 넣으면 풍미가 고급스러워진다. 얼그레이 티를 사용하기 때문에 살짝 떫은맛이 날 수 있어, 달콤한 화이트 커버춰 초콜릿을 더해 균형을 맞췄다. 마지막에 수레국화 꽃차를 올려 보기만 해도 향긋함이 느껴지게 데코했다.

재료	분량
버터	132g
설탕	120g
달걀	132g
박력분 베이킹파우더 얼그레이 티	135g 2.6g 8.4g
화이트 커버춰 초콜릿	40g
시럽*	적당량

Deco 1	
화이트 코팅 초콜릿	적당량

Deco 2	
수레국화 꽃차	적당량

* 29쪽을 참고해 만든다.

알아두기

재료	• 얼그레이 티: 아크바Akbar 제품 사용 • 화이트 커버춰 초콜릿: 칼리바우트Callebaut 제품 사용 • 화이트 코팅 초콜릿: 카카오 바리 빠떼아글라세 이브와 Cacaobarry Pate A Glacer Ivoire 제품 사용 • 수레국화 꽃차: 네이쳐티 콘플라워 블루 제품 사용
기타	• 재료는 실온 상태로 준비하고 오븐은 190℃로 예열한다.

01 화이트 커버춰 초콜릿을 중탕으로 혹은 진자레인지에 넣어 50℃ 이하로 녹인다.

※ 너무 오래 녹이면 자칫 초콜릿이 타버릴 수 있으니 50℃가 넘지 않도록 주의한다.

02 믹싱 볼에 버터를 넣고 핸드믹서 1~2단으로 부드럽게 푼다.

03 설탕을 두 번에 나누어 넣으면서 설탕이 어느 정도 녹고 버터 색이 밝아질 때까지 휘핑한다.

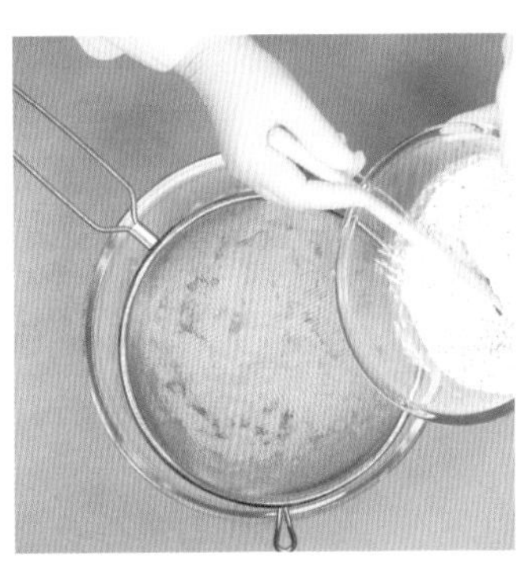

04 가루 재료(박력분, 베이킹파우더, 얼그레이 티)의 30% 정도를 체에 쳐서 넣고 핸드믹서 1~2단으로 가볍게 섞는다.

※ 가루 재료를 조금 넣어 섞으면 반죽이 분리될 확률이 줄어든다.

05 실온에 둔 달걀 1/5 분량을 넣고 잘 섞는다. 남은 달걀도 동일하게 네 번 나누어 넣어가며 잘 섞는다.

※ 달걀이 실온 상태여야 반죽이 분리될확률을 줄일 수 있다.

06 남은 가루 재료를 모두 체에 쳐서 넣고 가루가 살짝 보이도록 가볍게 섞는다.

※ 반죽을 완전히 섞은 후 녹인 초콜릿을 넣고 또 섞으면 글루텐이 과하게 형성되어 식감이 덜 부드러울 수 있으니 주의한다.

07 과정 ①의 녹인 화이트 커버춰 초콜릿(30℃)을 넣는다.

※ 초콜릿 온도가 30℃가 넘으면 버터가 녹기 때문에 온도를 정확히 맞춘다.

08 반죽이 고르고 매끄러운 상태가 되도록 섞는다.

※ 반죽을 너무 오래 섞으면 글루텐이 과하게 형성되어 식감이 덜 부드러울 수 있으니 주의한다.

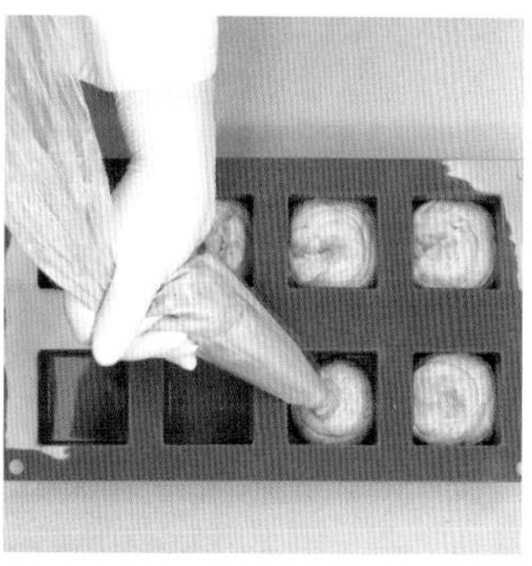

09 짤주머니에 반죽을 넣어 틀의 60% 정도만 채운다. 반죽이 평평해지도록 틀을 살짝 들었다가 놓아가며 충격을 준다. 190℃로 예열한 오븐에 넣어 170℃에서 20~25분간 굽는다.

10 오븐 문을 열고 큐브 파운드케이크를 나무 꼬치로 찔렀을 때 젖은 반죽이 묻어나오지 않으면 다 구워진 것이다. 오븐에서 꺼내 잠시 식힌 후 조심스럽게 틀에서 분리해 식힘망에 올린다.

11 큐브 파운드케이크가 아직 뜨거울 때 시럽에 살짝 담갔다가 꺼낸다.

12 화이트 코팅 초콜릿을 중탕으로 혹은 전자레인지에 넣어 약 50℃로 녹인다. 27~29℃로 온도를 맞춘 후 큐브 파운드케이크 윗부분만 살짝 담갔다가 꺼낸다. 초콜릿이 완전히 굳기 전에 수레국화 꽃차를 올린다.

Matcha Cube Pound Cake

말차 큐브 파운드케이크

8개분 | 170℃에서 20~25분

제과에서 가장 많이 사용되는 동양적인 재료 '말차'로 만든 큐브 파운드케이크다. 말차를 넣은 디저트들은 인기가 꾸준한 편인데, 특히 지금 소개할 말차 큐브 파운드케이크는 화이트 초콜릿의 부드러운 달콤함과 말차 특유의 쌉싸름한 맛의 균형이 좋아 다양한 연령층에게 인기가 많다.

재료	분량
버터	121g
설탕	108g
달걀	121g
박력분 베이킹파우더 말차가루	113g 3.3g 7g
화이트 커버춰 초콜릿 팥배기	37g 60g
시럽*	적당량

Deco	
데코 화이트 / 말차가루	적당량

* 29쪽을 참고해 만든다.

알아두기

재료	• 말차가루: 유기농 보성 선운 말차가루 제품 사용 • 화이트 커버춰 초콜릿: 칼리바우트Callebaut 제품 사용 • 팥배기: 대두식품 제품 사용 • 데코 화이트: 선인 제품 사용
기타	• 재료는 실온 상태로 준비하고 오븐은 190℃로 예열한다.

GAR LANE

01 화이트 커버춰 초콜릿을 중탕으로 혹은 전자레인지에 넣어 약 50℃ 이하로 녹인다.

※ 너무 오래 녹이면 자칫 초콜릿이 타버릴 수 있으니 50℃가 넘지 않도록 주의한다.

02 믹싱 볼에 버터를 넣고 핸드믹서 1~2단으로 부드럽게 푼다.

03 설탕을 두 번에 나누어 넣으면서 설탕이 어느 정도 녹고 버터 색이 밝아질 때까지 휘핑한다.

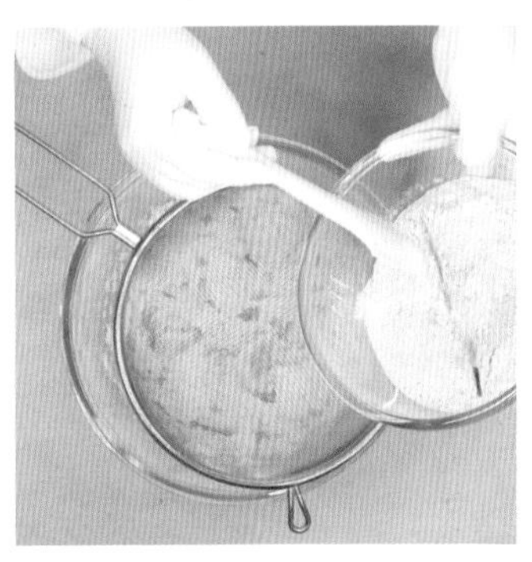

04 가루 재료(박력분, 베이킹파우더, 말차가루) 30% 정도를 체에 쳐서 넣고 핸드믹서 1~2단으로 가볍게 섞는다.

※ 가루 재료를 조금 넣어 섞으면 반죽이 분리될 확률이 줄어든다.

05 실온에 둔 달걀 1/5 분량을 넣고 잘 섞는다. 남은 달걀도 동일하게 네 번 나누어 넣어가며 잘 섞는다.

※ 달걀이 실온 상태여야 반죽이 분리될 확률을 줄일 수 있다.

06 남은 가루 재료를 모두 체에 쳐서 넣고 가루가 살짝 보이도록 가볍게 섞는다.

※ 반죽을 완전히 섞은 후 녹인 초콜릿을 넣고 또 섞으면 글루텐이 과하게 형성되어 식감이 덜 부드러울 수 있으니 주의한다.

07 ①의 녹인 화이트 커버춰 초콜릿과 팥배기를 넣고 잘 섞는다.

※ 초콜릿 온도가 30℃가 넘으면 버터가 녹기 때문에 온도를 정확히 맞춘다.

08 반죽이 고르고 매끄러운 상태가 되도록 섞는다.

※ 반죽을 너무 오래 섞으면 글루텐이 과하게 형성되어 식감이 덜 부드러울 수 있으니 주의한다.

09 짤주머니에 반죽을 넣어 틀의 60% 정도만 채운다. 반죽이 평평해지도록 틀을 살짝 들었다가 놓아가며 충격을 준다. 190℃로 예열한 오븐에 넣어 170℃에서 20~25분간 굽는다.

10 오븐 문을 열고 꼬치 테스트를 한 후 익었으면 꺼낸다. 잠시 식힌 후 틀에서 분리한다. 파운드케이크가 뜨거울 때 시럽에 살짝 담갔다가 꺼내 식힘망에 올려 식힌다.

11 큐브 파운드케이크 위에 데코 화이트 → 말차가루 순으로 분당 체를 사용하여 뿌린다.

Lemon Cube Pound Cake

레몬 큐브 파운드케이크

8개분 | 170℃에서 20~25분

상큼한 레몬은 파운드케이크와 매우 잘 어울리는 재료 중 하나다. 슈가레인의 레몬 큐브 파운드케이크는 생 레몬즙, 레몬제스트, 레몬필을 모두 활용하여 레몬의 향미를 최대한 끌어올린 것이 특징이다. 레몬 스포이드와 파스티야주를 활용하여 간단하지만 귀엽게 데코했다.

재료	분량
버터	140g
설탕	120g
달걀	140g
박력분 베이킹파우더	140g 3.2g
생 레몬즙 레몬제스트	12g 12g
캔디 레몬필	32~40g
시럽*	적당량

Deco 1 레몬 아이싱**	
생 레몬즙	10g
분당	50g

Deco 2 파스티야주***	
파스티야주	8개

Deco 3 레몬 스포이드****	
생 레몬즙	50g
설탕	40g

* 29쪽을 참고해 만든다.
** 33쪽을 참고해 만든다.
*** 34쪽을 참고해 만든다.
**** 스포이드 사용법은 35쪽을 참고한다.

알아두기

재료	• 생 레몬즙: 레몬 생과 착즙 또는 레몬 퓨레(브와롱Boiron) 사용 • 레몬제스트: 카프리Capfruit 냉동 제품 사용 • 캔디 레몬필: 제원인터내셔널 제품 사용
기타	• 재료는 실온 상태로 준비하고 오븐은 190℃로 예열한다.

BAKING

01 믹싱 볼에 버터를 넣고 핸드믹서 1~2단으로 부드럽게 푼다.

02 설탕을 두 번에 나누어 넣으면서 설탕이 어느 정도 녹고 버터 색이 밝아질 때까지 휘핑한다.

03 가루 재료(박력분, 베이킹파우더) 30% 정도를 체에 쳐서 넣고 핸드 믹서 1~2단으로 가볍게 섞는다.

※ 가루 재료를 조금 넣어 섞으면 반죽이 분리될 확률이 줄어든다.

04 실온에 둔 달걀 1/5 분량을 넣고 잘 섞는다. 남은 달걀도 동일하게 네 번 나누어 넣어가며 잘 섞는다.

※ 달걀이 실온 상태여야 반죽이 분리될 확률을 줄일 수 있다.

05 남은 가루 재료를 모두 체에 쳐서 넣고 생 레몬즙과 레몬제스트를 넣어 가볍게 섞는다.

06 반죽이 고르고 매끄러운 상태가 되도록 섞는다.

※ 반죽을 너무 오래 섞으면 글루텐이 과하게 형성되어 식감이 덜 부드러울 수 있으니 주의한다.

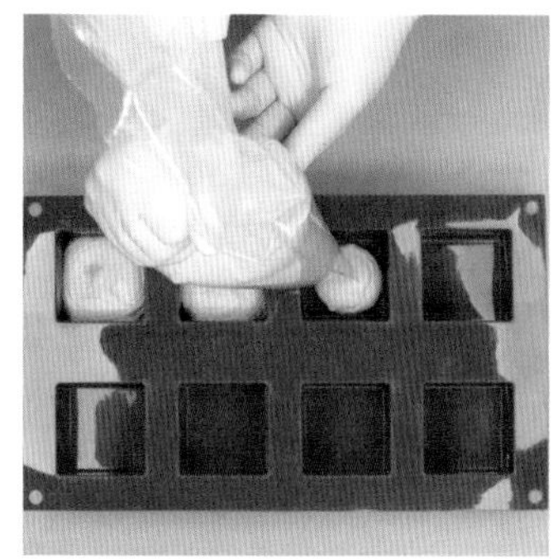

07 짤주머니에 반죽을 넣어 틀의 60% 정도만 채운다. 반죽이 평평해지도록 틀을 살짝 들었다가 놓아가며 충격을 준다.

08 반죽 위에 캔디 레몬필(1구당 약 4~5g)을 올린다. 190℃로 예열한 오븐에 넣어 170℃에서 20~25분간 굽는다.

09 오븐 문을 열고 꼬치 테스트를 한 후 익었으면 꺼낸다. 잠시 식힌 후 틀에서 분리한다. 파운드케이크가 뜨거울 때 시럽에 살짝 담갔다가 꺼내 식힘망에 올려 식힌다.

10 윗면에 레몬 아이싱을 바른다.

11 레몬 아이싱이 굳기 전에 파스티야주를 올리고 레몬 스포이드를 꽂는다.

※ 레몬 아이싱이 굳으면 파스티야주가 붙지 않으니 주의한다.

Banana Cube Pound Cake

바나나 큐브 파운드케이크

8개분 | 170℃에서 20~25분

바나나는 향긋하고 달콤해 파운드케이크와 매우 잘 어울리는 과일이다. 인공 바나나 향이 아니라 바나나 생과를 으깨어 반죽에 넣고 바나나 슬라이스를 위에 얹어 맛과 향이 더 풍성한 파운드케이크 레시피이다. 맛이 단조롭지 않도록 바나나와 기장 잘 어울리는 향신료인 시나몬을 추가했다.

재료	분량
버터	116g
설탕	105g
달걀	116g
박력분 베이킹파우더 시나몬파우더	146g 4g 0.6g
바나나	83g
바나나 슬라이스	약 0.5cm 두께로 24개
시럽 *	적당량

Deco 1	
광택제	적당량

Deco 2 메이플 스포이드**	
메이플시럽	적당량

* 29쪽을 참고해 만든다.

** 스포이드 사용법은 35쪽을 참고한다.

알아두기

재료	• 당도가 가장 높은 완숙 바나나 사용(※덜 익은 바나나를 넣으면 파운드케이크에서 새콤한 맛이 날 수 있다.) • 광택제: 압솔뤼 크리스탈 발로나Absolu Crystal Valrhona 제품 사용
기타	• 재료는 실온 상태로 준비하고 오븐은 190℃로 예열한다.

SUGAR
LANE
BAKING

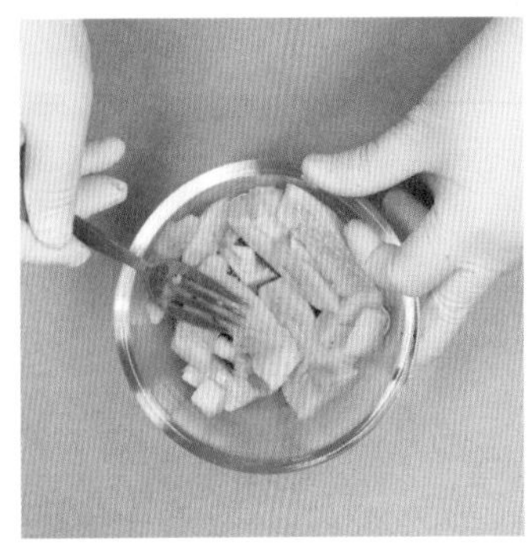

01 볼에 완숙 바나나를 넣고 포크로 완전히 으깬다.

02 다른 볼에 버터를 넣고 핸드믹서 1~2단으로 부드럽게 푼다.

03 설탕을 두 번에 나누어 넣으면서 설탕이 어느 정도 녹고 버터 색이 밝아질 때까지 휘핑한다.

04 가루 재료(박력분, 베이킹파우더, 시나몬파우더)의 30% 정도를 체에 쳐서 넣고 핸드믹서 1~2단으로 가볍게 섞는다.

※ 가루 재료를 조금 넣어 섞으면 반죽이 분리될 확률이 줄어든다.

05 실온에 둔 달걀 1/5 분량을 넣고 잘 섞는다. 남은 달걀도 동일하게 네 번 나누어 넣어가며 잘 섞는다.

※ 달걀이 실온 상태여야 반죽이 분리될 확률을 줄일 수 있다.

05 남은 가루 재료를 모두 체에 쳐서 넣고 가볍게 섞은 후 으깬 바나나를 넣는다.

07 반죽이 고르고 매끄러운 상태가 되도록 섞는다.

※ 반죽을 너무 오래 섞으면 글루텐이 과하게 형성되어 식감이 덜 부드러울 수 있으니 주의한다.

08 짤주머니에 반죽을 넣고 틀의 60% 정도만 채운다. 반죽이 평평해지도록 틀을 살짝 들었다가 놓아가며 충격을 준다.

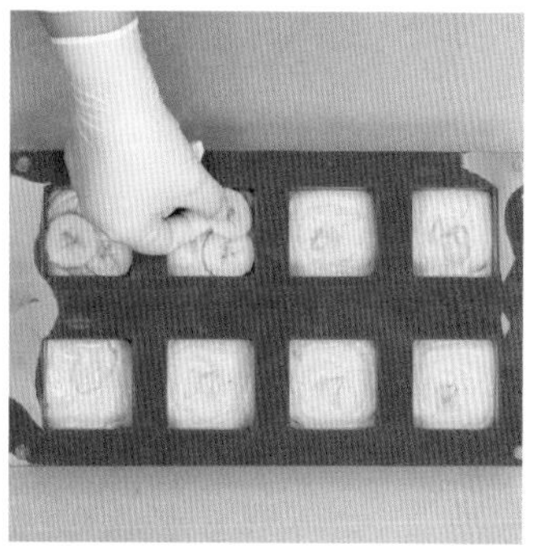

09 반죽 위에 슬라이스한 바나나 3개를 올린다. 190℃로 예열한 오븐에 넣어 170℃에서 20~25분간 굽는다.

10 오븐 문을 열고 꼬치 테스트를 한 후 익었으면 꺼낸다. 잠시 식힌 후 틀에서 분리한다. 파운드케이크가 뜨거울 때 시럽에 살짝 담갔다가 꺼내 식힘망에 올려 식힌다.

11 윗면에 광택제를 골고루 바른다.

12 메이플 스포이드를 꽂는다.

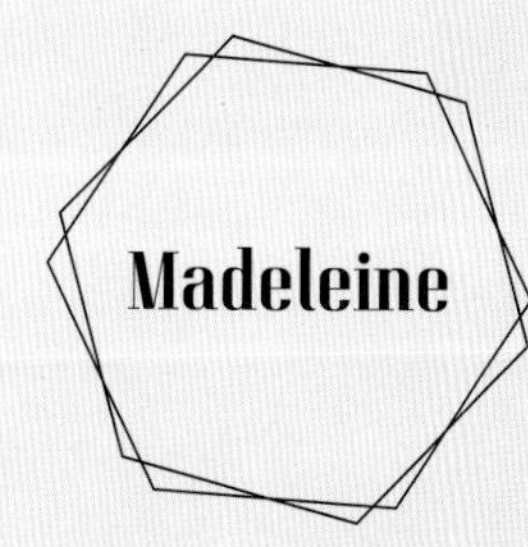
Madeleine

2

MADELEINE

마들렌

마들렌은 부채 모양이 특징인 프랑스 전통 과자다. 예전에는 플레인 혹은 레몬 마들렌이 보편적이었지만, 최근에는 다양한 형태와 맛의 마들렌이 판매되고 있다.

마들렌은 공정이 비교적 간단해서 책으로 배워도 어느 정도의 품질이 보장되기 때문에 많은 카페에서 판매하고 있다. 슈가레인의 마들렌 레시피도 초보 베이커들이 쉽게 따라 할 수 있도록 편리성과 맛에 초점을 맞췄다.

가장 큰 특징은 휴지하지 않는 것이다. 일반적으로 30분~3시간 정도 냉장 휴지하는데 휴지에서 오는 장점(반죽의 수분이 고르게 분포)보다는 휴지하지 않았을 때 전체적인 작업 흐름이 지연되지 않는다는 장점에 우선순위를 두었기 때문이다.

알려두기

- 마들렌 틀은 '정우 공업사'의 '깊은 6구'를 사용했다.
  ※ 27.5cm(가로)×19.8cm(세로)×2.2cm(높이)
- 마들렌 틀 안쪽에 실온 상태의 버터를 고르게 바른다.
  ※ 틀 관리법 : 중성 세제를 사용해 미온수로 깨끗이 닦아 건조한다. 이때 철수세미를 사용하면 흠집이 생기고 코팅이 벗겨져 완성된 제품이 잘 떨어지지 않을 수 있으니 반드시 부드러운 스펀지 종류의 수세미를 사용한다.
- 모든 반죽 재료는 실온(20℃ 전후) 상태로 준비한다(버터 제외).
- 반죽을 섞을 때 중앙에서부터 바깥쪽으로 저어주면 잘 섞인다.
- 반죽을 섞을 때 거품을 내듯이 세게 휘저으면 기포가 생겨 마들렌 내부와 표면에 기공이 많이 생길 수 있으니 살살 섞는다.

보관하기

- 반죽 : 보관 불가
- 완성한 마들렌 : 실온 밀폐 보관 3~4일, 냉동 보관 2주(※ 완만 해동하여 섭취)

Vanilla Madeleine

바닐라 마들렌

6개분 | 180℃에서 9~10분

바닐라빈을 넣어 만든 마들렌에 바닐라 파티시에 크림Pastry Cream을 채워 바닐라 풍미를 듬뿍 느낄 수 있는 디저트다. 클래식한 마들렌을 응용한 가장 기본적인 맛이며 바닐라 파티시에 크림으로 크리미Creamy한 식감을 더했다.

재료	분량
달걀	42g
우유	5g
꿀	5g
설탕	39g
소금	0.3g
박력분	57g
바닐라파우더*	1.1g
베이킹파우더	2.6g
버터	52g

Insert 바닐라 파티시에 크림	
바닐라 파티시에 크림**	개당 8~10g

Deco 1 파스티아주***	
파스티아주	6개

Deco 2 메이플 스포이드****	
메이플시럽	적당량

* 20쪽을 참고해 만든다.

** 32쪽을 참고해 만든다.

*** 34쪽을 참고해 만든다.

**** 스포이드 사용법은 35쪽을 참고한다.

알아두기

기타

- 재료는 실온 상태(버터 제외)로 준비하고 오븐은 190℃로 예열한다.
- 버터는 50℃ 전후로 녹여서 준비한다.

SUGAR
LANE
BAKING

01 볼에 달걀, 우유를 넣고 섞은 후 꿀, 설탕을 넣어 설탕이 거의 녹을 때까지 섞는다.

02 가루 재료(소금, 박력분, 바닐라파우더, 베이킹파우더)를 체에 쳐서 넣고 거품기로 잘 섞는다. 거품을 내듯이 세게 휘저으면 기포가 생겨 마들렌 내부와 표면에 기공이 많이 생길 수 있으니 살살 섞는다.

03 가루가 보이지 않게 반죽을 충분히 섞은 후 녹인 버터를 넣는다. 거품기로 볼 중앙에서 바깥으로 저어가며 버터가 보이지 않을 때까지 골고루 섞는다.

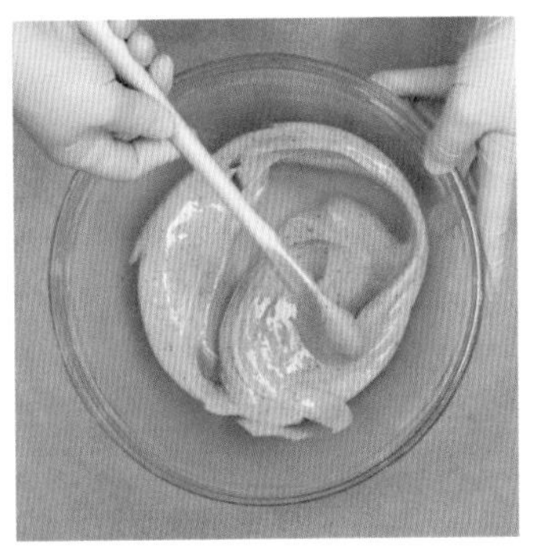

04 버터와 반죽이 잘 섞이면 거품기 대신 주걱으로 반죽이 매끄럽고 윤기가 날 때까지 섞는다.

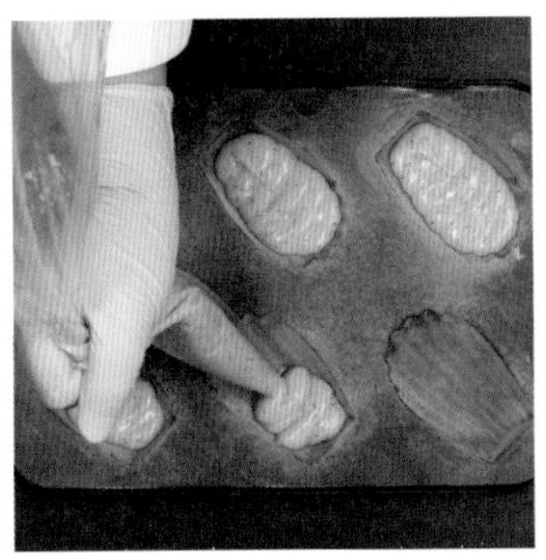

05 짤주머니에 반죽을 넣어 틀의 90% 정도 채운 후 190℃로 예열한 오븐에 넣어 180℃에서 10분간 굽는다.

06 오븐 문을 열고 마들렌을 나무 꼬치로 찔렀을 때 젖은 반죽이 묻어 나오지 않으면 다 구워진 것이다. 오븐에서 꺼낸다. 그대로 식히면 틀에 눌어붙을 수 있으니 마들렌을 옆으로 돌려 식힌다.

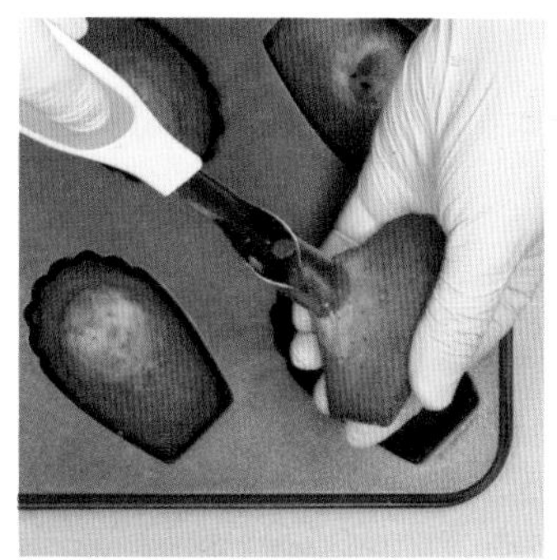

07 씨제거기로 위로 볼록 튀어나온 부분, 배꼽을 파낸다.

08 짤주머니에 바닐라 파티시에 크림을 넣어 씨제거기로 파낸 자리에 채운다. 크림 위에 파스티야주를 올리고 메이플 스포이드를 꽂는다.

Earl Grey Madeleine

얼그레이 마들렌

6개분 | 180℃에서 9~10분

얼그레이 티는 제과 제빵에 많이 사용되는 재료지만, 자칫 얼그레이 티를 너무 적게 넣으면 향이 약하고 반대로 많이 넣으면 떫은맛이 날 수 있다. 그래서 여러 번의 테스트를 통해 얼그레이 마들렌에 알맞은 최적의 얼그레이 티 배합을 찾았다. 또한 가나슈Ganache를 활용해 더 부드럽고 고급스러운 맛을 담아냈다.

재료	분량
달걀	42g
우유	6g
꿀	5g
설탕	39g
소금	0.3g
박력분	57g
얼그레이 티	1.1g
베이킹파우더	2.6g
버터	52g

Insert 얼그레이 가나슈	
얼그레이 가나슈*	개당 8~10g

* 78쪽을 참고해 만든다.

알아두기

재료	• 얼그레이 티: 아크바Akbar 티백 제품 사용 ※ 티백을 뜯어서 사용하는 것이 가장 간편하다. 타 브랜드는 잎차의 크기가 큰 편이니 분쇄기에 넣어 입자를 곱게 갈아서 사용한다.
기타	• 재료는 실온 상태(버터 제외)로 준비하고 오븐은 190℃로 예열한다. • 버터는 50℃ 전후로 녹여서 준비한다.

01 볼에 달걀, 우유를 넣고 섞은 후 꿀, 설탕을 넣어 설탕이 거의 녹을 때까지 섞는다.

02 가루 재료(소금, 박력분, 얼그레이티, 베이킹파우더)를 체에 쳐서 넣는다.

03 거품기로 가루가 보이지 않게 반죽을 충분히 섞은 후 녹인 버터를 넣는다. 거품을 내듯이 세게 휘저으면 기포가 생겨 마들렌 내부와 표면에 기공이 많이 생길 수 있으니 살살 섞는다.

04 거품기로 볼 중앙에서 바깥으로 저어가며 버터가 보이지 않을 때까지 골고루 섞는다.

05 버터와 반죽이 잘 섞이면 거품기 대신 주걱으로 반죽이 매끄럽고 윤기가 날 때까지 섞는다.

06 짤주머니에 반죽을 넣어 틀의 90% 정도 채운 후 190℃로 예열한 오븐에 넣어 180℃에서 10분간 굽는다.

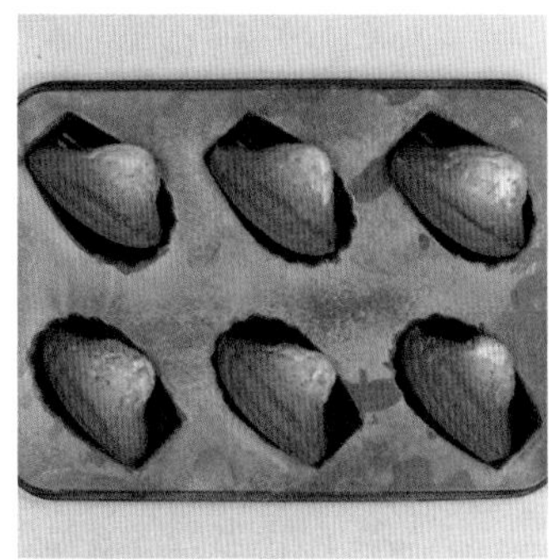

07 오븐 문을 열고 마들렌을 나무 꼬치로 찔렀을 때 젖은 반죽이 묻어 나오지 않으면 다 구워진 것이다. 오븐에서 꺼낸다. 그대로 식히면 틀에 눌어붙을 수 있으니 마들렌을 옆으로 돌려 식힌다.

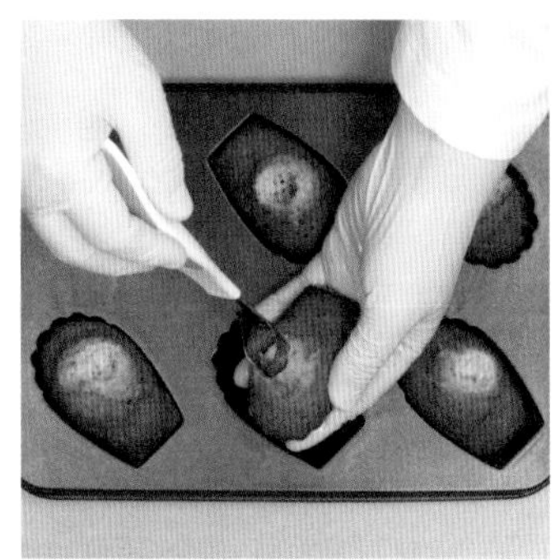

08 씨제거기로 위로 볼록 튀어나온 부분, 배꼽을 파낸다.

09 미리 만든 얼그레이 가나슈 농도가 적합한지 확인한다(주걱으로 떴을 때 부드럽지만 흘러내리지는 않는 농도).

※만드는 법 78쪽 참고

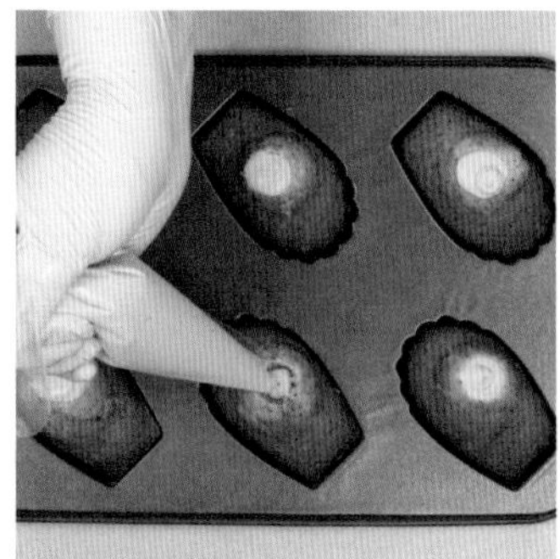

10 짤주머니에 얼그레이 가나슈를 넣어 씨제거기로 파낸 자리에 채운다.

BASIC RECIPE

얼그레이 가나슈

재료
얼그레이 티 1.5g
동물성 생크림 30g
화이트 커버춰 초콜릿 50g

01 생크림에 얼그레이 티를 넣어 섞는다. 다른 비커에 화이트 커버춰 초콜릿을 넣고 40~45℃로 녹인다.

02 얼그레이 티를 넣은 생크림을 전자레인지에 넣어 80℃ 전후로 가열한 후 랩을 씌워 5~10분간 우린다.

03 체에 거른 후 재계량한다. 30g이 되도록 생크림을 더 넣고 온도를 측정해 40~45℃로 온도를 맞춘다.

04 녹인 화이트 초콜릿에 ③을 붓고 핸드블렌더로 갈아 부드럽지만 흘러내리지 않는 상태로 만든다.

Lemon Madeleine

레몬 마들렌

6개분 | 180℃에서 9~10분

레몬은 색감과 향의 호불호가 적어 제과에서 자주 사용하며, 마들렌에 활용해도 무난하게 잘 어울린다. 레몬 스포이드와 레몬 아이싱으로 데코해 전체적인 향과 이미지를 부각시켰다.

재료	분량
달걀	41g
우유	5g
레몬제스트	3.6g
꿀	5g
설탕	39g
소금	0.3g
박력분	56g
베이킹파우더	2.6g
버터	51g

Deco 1 레몬 아이싱	
생 레몬즙	6g
분당	18g

Deco 2 레몬 스포이드*	
레몬 스포이드	6개

* 스포이드 사용법은 35쪽을 참고한다.

알아두기

재료	• 레몬제스트: 카프리Capfruit 냉동 제품 사용
기타	• 재료는 실온 상태(버터 제외)로 준비하고 오븐은 190℃로 예열한다. • 버터는 50℃ 전후로 녹여서 준비한다.

SUGAR
LANE
BAKING

01 볼에 달걀, 우유, 레몬제스트를 넣고 섞은 후 꿀, 설탕을 넣어 설탕이 거의 녹을 때까지 섞는다.

02 가루 재료(소금, 박력분, 베이킹파우더)를 체에 쳐서 넣는다.

03 거품기로 가루가 보이지 않을 때까지 골고루 섞는다. 거품을 내듯이 세게 휘저으면 기포가 생겨 마들렌 내부와 표면에 기공이 많이 생길 수 있으니 살살 섞는다.

04 녹인 버터를 넣고 거품기로 볼 중앙에서 바깥으로 저어가며 버터가 보이지 않을 때까지 골고루 섞는다.

05 버터와 반죽이 잘 섞이면 거품기 대신 주걱으로 반죽이 매끄럽고 윤기가 날 때까지 섞는다.

06 짤주머니에 반죽을 넣어 틀의 90% 정도 채운 후 190℃로 예열한 오븐에 넣어 180℃에서 10분간 굽는다.

07 오븐 문을 열고 마들렌을 나무 꼬치로 찔렀을 때 젖은 반죽이 묻어 나오지 않으면 다 구워진 것이다. 오븐에서 꺼낸다. 그대로 식히면 틀에 눌어붙을 수 있으니 마들렌을 옆으로 돌려 식힌다.

08 레몬 아이싱을 만든다. 미리 만들면 굳어서 사용할 때 농도와 다를 수 있으니, 사용하기 직전에 만든다.

※33쪽을 참고한다.

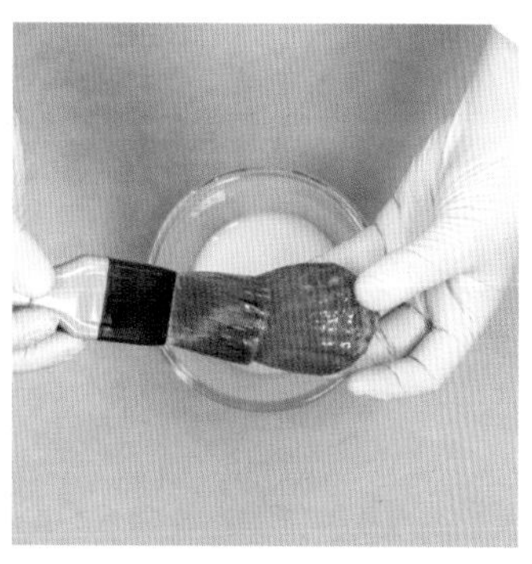

09 마들렌 윗면에 레몬 아이싱을 골고루 바른다.

10 170℃로 예열한 오븐에 넣어 20~30초간 말린다. 오븐에서 꺼내 식힌 후 레몬 스포이드를 꽂는다.

Raspberry Madeleine

라즈베리 마들렌

6개분 | 180℃에서 9~10분

다양한 과일을 접목시켜 새로운 맛의 마들렌을 만들어 낼 수 있다. 향이 진한 라즈베리도 제과에서 많이 사용되는 과일 중에 하나로, 라즈베리 분태와 라즈베리 콩피를 넣어 특별한 색감, 향, 맛을 극대화한 라즈베리 마들렌을 소개한다.

재료	분량
달걀	42g
우유	5g
꿀	5g
설탕	39g
소금	0.3g
박력분	57g
베이킹파우더	2.6g
버터	52g
라즈베리(냉동)	약 15g

Insert 라즈베리 콩피	
라즈베리 퓨레 / 설탕 / 펙틴 / 레몬즙	50g / 8g / 0.8g / 1g

알아두기

재료	• 분태로 사용할 라즈베리는 반드시 냉동 라즈베리 사용 • 라즈베리 퓨레: 앤드로스Andros 제품 사용 • 펙틴: 펙틴NH 소사Sosa 제품 사용
기타	• 재료는 실온 상태(버터 제외)로 준비하고 오븐은 190℃로 예열한다. • 버터는 50℃ 전후로 녹여서 준비한다.

SUGAR
LANE
BAKING

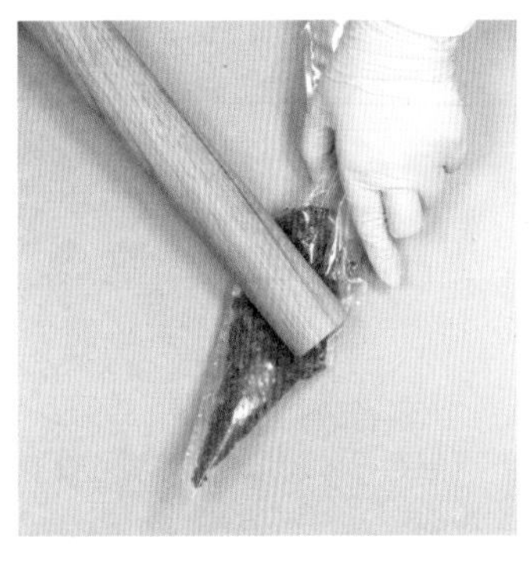

01 짤주머니에 냉동 라즈베리를 넣어 분태가 되도록 부순 후 냉동실에 넣어둔다.

02 볼에 달걀, 우유를 넣고 섞은 후 꿀, 설탕을 넣어 설탕이 거의 녹을 때까지 섞는다.

03 가루 재료(소금, 박력분, 베이킹파우더)를 체에 쳐서 넣고 거품기로 잘 섞는다. 거품을 내듯이 세게 휘저으면 기포가 생겨 마들렌 내부와 표면에 기공이 많이 생길 수 있으니 살살 섞는다.

04 가루가 보이지 않게 반죽을 충분히 섞은 후 녹인 버터를 넣는다. 거품기로 볼 중앙에서 바깥으로 저어가며 버터가 보이지 않을 때까지 골고루 섞는다.

05 버터와 반죽이 잘 섞이면 거품기 대신 주걱으로 반죽이 매끄럽고 윤기가 날 때까지 섞는다.

06 짤주머니에 반죽을 넣어 틀의 90% 정도만 채운다.

07 냉동실에 넣어둔 라즈베리 분태를 반죽 위에 나누어 올린 후 190℃로 예열한 오븐에 넣어 180℃에서 10분간 굽는다.

08 오븐 문을 열고 마들렌을 나무 꼬치로 찔렀을 때 젖은 반죽이 묻어 나오지 않으면 다 구워진 것이다. 오븐에서 마들렌을 꺼내 옆으로 돌려 식힌 후 씨제거기로 배꼽을 파낸다.

09 볼에 라즈베리 콩피용 설탕과 펙틴을 넣어 잘 섞는다.

10 냄비에 라즈베리 퓨레를 넣고 35℃까지 가열한 후 ⑨를 넣고 저어가며 끓인다. 냄비 중심부가 뽀글거리며 퓨레가 끓기 시작하면 1분간 더 끓인 후 불을 끄고 레몬즙을 넣어 잘 섞는다.

11 볼에 담아 냉장실에 넣어 차게 식힌다. 굳어 있을 수 있으니 사용하기 직전에 꺼내 거품기로 잘 풀어준다.

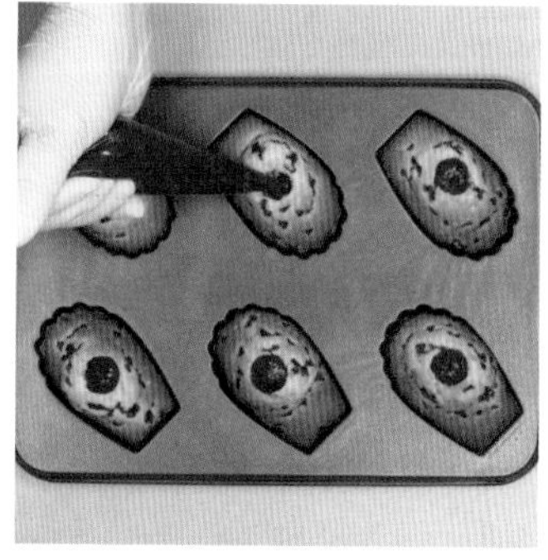

12 짤주머니에 라즈베리 콩피를 넣어 씨제거기로 파낸 자리에 채운다.

Chocolate Madeleine

초코 마들렌

6개분 | 180℃에서 9~10분

마들렌을 고급스럽게 만드는 방법으로 초코 마들렌에 초콜릿을 코팅하는 방법이 있다. 슈가레인 레시피는 마들렌의 부채 모양을 돋보이게 하는 초콜릿 코팅으로 비주얼을 업그레이드하고, 더욱 진한 초코 맛을 느낄 수 있게 만들어 맛과 비주얼 두 가지를 동시에 만족시켰다.

재료	분량
달걀	42g
우유	6g
꿀	6g
설탕	40g
소금	0.3g
박력분	42g
코코아파우더	9g
베이킹파우더	2.6g
버터	53g

Deco 초코 판 코팅	
다크 코팅 초콜릿	72~90g

알아두기

재료	• 코코아파우더: 발로나Valrhona 제품 사용 • 코팅 초콜릿: 카카오 바리 빠떼아글라세 브룬Cacaobarry Pate A Glacer Brune 제품 사용
기타	• 재료는 실온 상태(버터 제외)로 준비하고 오븐은 190℃로 예열한다. • 버터는 50℃ 전후로 녹여서 준비한다.

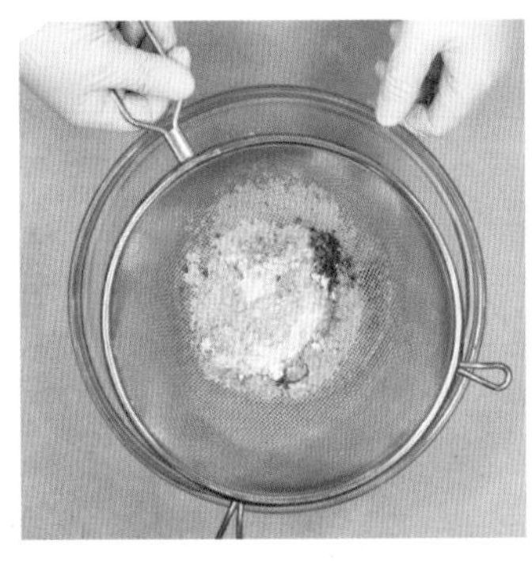

01 볼에 달걀, 우유를 넣고 섞은 후 꿀, 설탕을 넣어 설탕이 거의 녹을 때까지 섞는다.

02 가루 재료(소금, 박력분, 코코아파우더, 베이킹파우더)를 체에 쳐서 넣는다.

03 거품기로 가루가 보이지 않을 때까지 골고루 섞는다. 거품을 내듯이 세게 휘저으면 기포가 생겨 마들렌 내부와 표면에 기공이 많이 생길 수 있으니 살살 섞는다.

04 녹인 버터를 넣고 거품기로 볼 중앙에서 바깥으로 저어가며 버터가 보이지 않을 때까지 골고루 섞는다.

05 버터와 반죽이 잘 섞이면 거품기 대신 주걱으로 반죽이 매끄럽고 윤기가 날 때까지 섞는다.

06 짤주머니에 반죽을 넣어 틀의 90% 정도 채운 후 190℃로 예열한 오븐에 넣어 180℃에서 10분간 굽는다.

07 오븐 문을 열고 마들렌을 나무 꼬치로 찔렀을 때 젖은 반죽이 묻어 나오지 않으면 다 구워진 것이다. 오븐에서 꺼낸다. 그대로 식히면 틀에 눌어붙을 수 있으니 마들렌을 옆으로 돌려 식힌다.

08 초콜릿을 중탕으로 혹은 전자레인지에 넣어 녹인다. 50℃로 맞춘 후 틀에 12~15g 정도씩 넣는다.

※ 코팅 초콜릿 온도가 낮으면 초콜릿이 틀에 붙어서 떨어지지 않으니 주의한다.

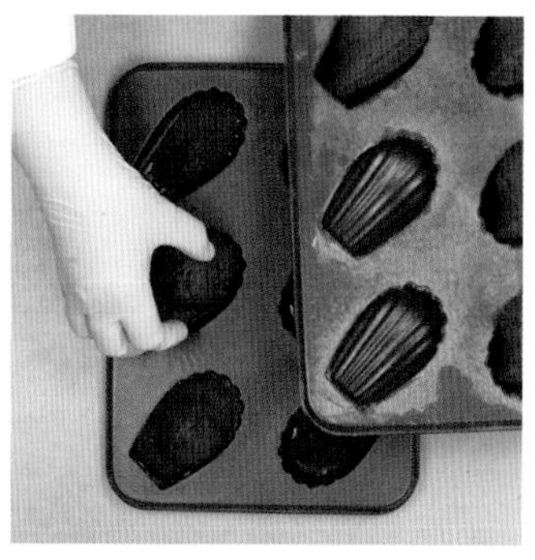

09 완전히 식은 마들렌을 살포시 틀에 다시 넣는다. 냉장실에 넣어 약 15~20분간 두어 초콜릿을 완전히 굳힌다.

10 냉장실에서 꺼내 틀에서 마들렌을 뺀다.

Black Sesame Madeleine

흑임자 마들렌

6개분 | 180℃에서 9~10분

예스러운 맛을 찾는 젊은 층을 겨냥해서 만든 디저트로 흑임자의 고소함과 버터의 풍미가 잘 어울린다. 여기에 흑임자 튀일Tuile 반죽을 넣어 마들렌의 부드러움에 바삭한 식감을 더한, 재미있는 맛의 마들렌이다.

재료		분량
달걀		41g
우유		5g
꿀		5g
설탕		39g
소금		0.3g
박력분		57g
베이킹파우더		2.6g
흑임자 페이스트		9g
버터		47g
흑임자 튀일 반죽	달걀흰자	9g
	설탕	14g
	박력분	2g
	흑임자	14g
	녹인 버터	3g

알아두기

재료	• 흑임자 페이스트: 선인 제품 사용
기타	• 재료는 실온 상태(버터 제외)로 준비하고 오븐은 190℃로 예열한다. • 버터는 50℃ 전후로 녹여서 준비한다.

SUGAR
LANE
BAKING

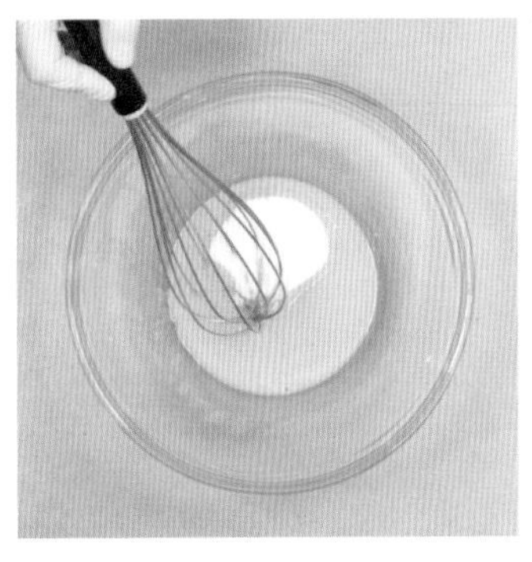

01 볼에 달걀, 우유를 넣고 섞은 후 꿀, 설탕을 넣어 설탕이 거의 녹을 때까지 섞는다.

02 가루 재료(소금, 박력분, 베이킹파우더)를 체에 쳐서 넣고 섞는다.

03 거품기로 가루가 보이지 않을 때까지 골고루 섞은 후 흑임자 페이스트를 넣고 섞는다. 거품을 내듯이 세게 휘저으면 기포가 생겨 마들렌 내부와 표면에 기공이 많이 생길 수 있으니 살살 섞는다.

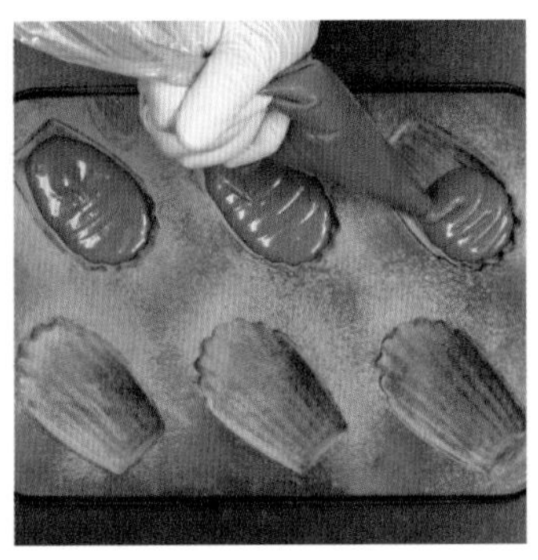

04 녹인 버터를 넣고 거품기로 볼 중앙에서 바깥으로 저어가며 버터가 보이지 않을 때까지 골고루 섞는다.

05 버터와 반죽이 잘 섞이면 거품기 대신 주걱으로 반죽이 매끄럽고 윤기가 날 때까지 섞는다.

06 짤주머니에 반죽을 넣어 틀의 90% 정도 채운다.

07 하루 휴지한 튀일 반죽*을 짤주머니에 넣어 마들렌 반죽 위에 짠다. 190℃로 예열한 오븐에 넣어 180℃에서 10분간 굽는다.

* 하단 레시피 참고

08 오븐 문을 열고 마들렌을 나무 꼬치로 찔렀을 때 젖은 반죽이 묻어 나오지 않으면 다 구워진 것이다. 오븐에서 꺼낸다. 그대로 식히면 틀에 눌어붙을 수 있으니 마들렌을 옆으로 돌려 식힌다.

BASIC RECIPE

흑임자 튀일

01 볼에 실온에 둔 달걀흰자와 설탕을 넣어 잘 섞은 후 박력분을 체에 쳐서 넣는다.

02 흑임자를 넣고 잘 섞은 후 녹인 버터를 넣고 섞는다.

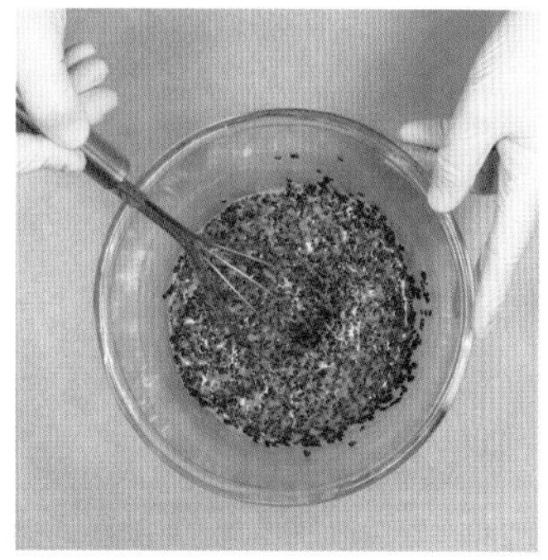

03 바로 사용하면 부풀어 오를 수 있으니 냉장실에 넣어 하루 동안 휴지시킨 후 사용한다.

※ 남은 반죽은 냉동실에 보관해 두고 필요한 만큼 해동하여 사용한다(1개월간 냉동 보관 가능).

SCONE

3

SCONE

스콘

영국 가정에서 흔하게 먹는 퀵 브레드Quick bread인 스콘은 원래 식감이 다소 퍽퍽하다. 하지만 우리나라 사람들은 덜 퍽퍽한 식감을 선호하는 편이라서 박력분을 사용하거나 결이 있게 만든 덜 퍽퍽한 식감의 스콘이 인기가 있다. 스콘에 결을 추가하면 결을 따라 뜯어 먹을 수 있어 재미가 있고 식감이 덜 퍽퍽하게 느껴진다.

슈가레인의 스콘 레시피는 저자의 오랜 영국 생활을 바탕으로 영국에서 먹던 전통적인 스콘을 우리나라 시장에 맞추어 적용시킨 것이 특징이다. 스콘은 다른 디저트와 달리 갓 구워져 나왔을 때가 가장 맛있으므로 필요한 만큼만 만드는 것을 추천한다.

알려두기

- 스콘은 버터를 잘게 쪼개면서 가루를 입혀 반죽하는데, 버터가 녹으면 반죽이 질어진다. 버터가 녹지 않도록 차가운 재료로 빠르게 작업하는 것이 관건이다.
- 버터 및 액체 재료(달걀, 생크림)는 반드시 계량하여 냉장실에 넣어 차갑게 준비한다. 다른 재료도 되도록 냉장 보관해두고 사용하는 것이 좋다.
- 제조 방식은 전통적인 손 반죽법과 분쇄기(푸드 프로세서)를 사용하는 기계 반죽법이 있다. 두 가지 방법으로 만든 스콘의 품질은 같지만 생산 효율에 차이가 난다. 가정에서는 대부분 스크래퍼를 사용한 손 반죽을 하지만 매장에서는 대부분 기계를 사용해 생산성을 높인다.
- 스콘을 더 먹음직스럽게 만들기 위해 표면에 바르는 달걀물은 생크림과 달걀을 1:1 비율로 잘 섞어서 적당량 준비한다.

보관하기

- 반죽 : 냉동 보관 2주
- 완성한 스콘 : 실온 밀폐 보관 4~5일, 냉동 보관 2주(※ 완만 해동하여 섭취)

Plain Scone

플레인 스콘

4개분 | 190℃에서 13~15분

기본이 가장 맛있다는 말이 있듯이 스콘은 클래식한 것이 가장 인기가 많다. 또한 스콘은 각종 잼, 스프레드와 잘 어울리기 때문에 수제 잼을 곁들일 수 있다면 플레인 스콘은 꼭 만들어 보기를 추천한다. 기본적인 맛에 먹는 재미를 더하기 위에 결 스콘으로 만들었다.

재료	분량
버터(냉장)	64g
박력분	163g
베이킹파우더	6.3g
소금	1.3g
설탕	39g
달걀(냉장)	37g
생크림(냉장)	60g
달걀물*(생크림+달걀)	적당량

* 99쪽을 참고해 만든다.

알아두기

재료	• 버터는 사방 2cm 크기(큐브)로 썰어 냉장 보관(손 반죽 시 1cm 큐브, 푸드 프로세서 반죽 시 2cm 큐브)
기타	• 오븐은 190℃로 예열한다. • 작업 도중 반죽이 너무 부드러워지거나 질어지면 냉장실에 잠시 넣어 굳힌 후 다시 꺼내 작업을 이어간다. • 기계 작업 방식으로 진행하였으나 손 반죽해도 된다.

01 푸드 프로세서에 체 친 가루 재료(박력분, 베이킹파우더, 소금, 설탕)를 넣는다.

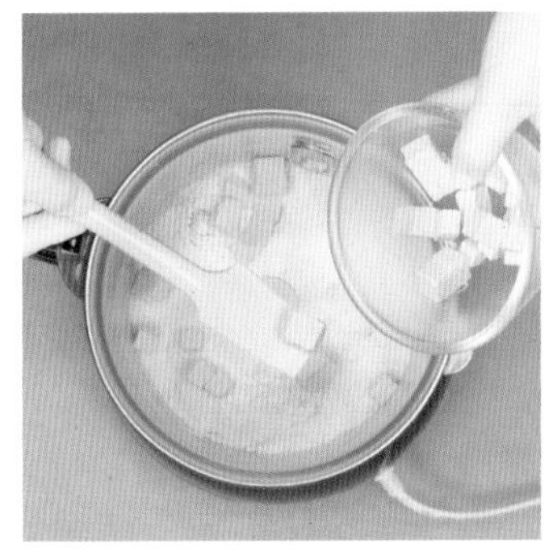

02 그 위에 썰어둔 버터를 넣는다.

03 푸드 프로세서의 순간 동작(펄스) 기능을 활용하여 버터가 팥알 크기가 될 때까지 짧게 끊어가며 작동시킨다. 많이 누르면 버터가 녹을 수 있으니 팥알 크기가 되었을 때 바로 멈춘다.

04 ③을 스테인리스 볼에 옮긴 후 액체 재료(달걀, 생크림)를 붓고 둥근 스크래퍼로 섞는다.

05 둥근 스크래퍼로 반죽을 뭉친다.

※ 손으로 뭉치는 경우도 있으나 손의 열기로 반죽이 질어질 수 있어 추천하지 않는다.

06 실리콘 매트에 덧가루를 뿌린 후 반죽을 옮긴다. 스크래퍼로 반죽을 직사각형 모양으로 뭉친다.

※ 덧가루는 강력분을 사용하며, 매트나 밀대에 반죽이 묻지 않을 정도의 최소량만 쓰는 것이 좋다.

07 스크래퍼로 반죽을 2등분한다.

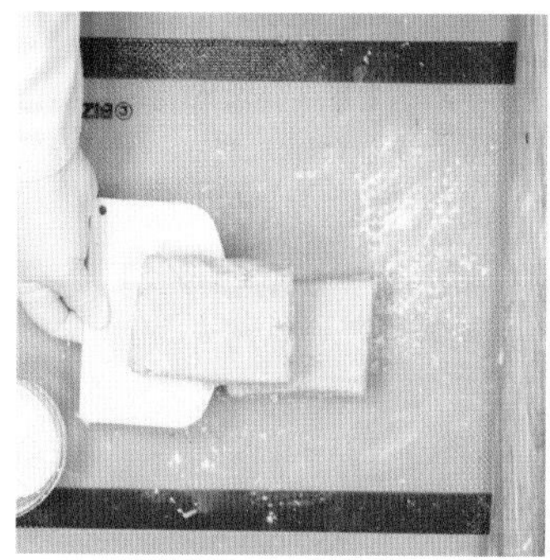

08 반죽 위에 반죽을 얹는다.

09 이 상태에서 밀대로 밀어 직사각형 모양으로 편다. 과정 ⑦~⑨를 총 3회 반복한다.

10 비슷한 크기로 4등분한다.

11 달걀물을 바른다.

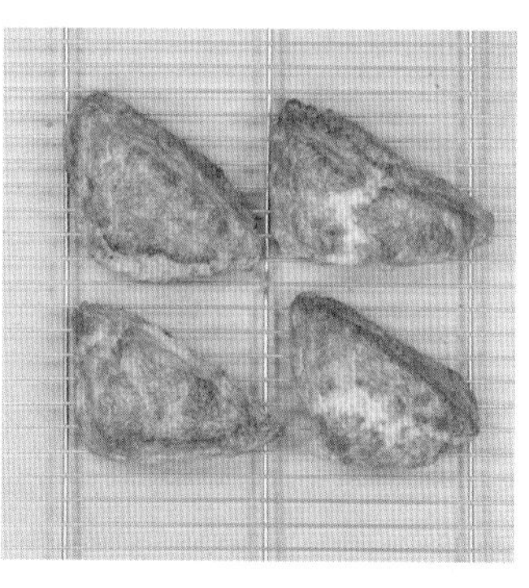

12 190℃로 예열한 오븐에 넣어 190℃에서 13~15분간 굽고 식힘망에 올려 식힌다.

Basil Olive Scone

바질 올리브 스콘

4개분 | 190℃에서 13~15분

스콘은 디저트로 즐길 수도 있지만 식사 대용으로 즐길 수도 있다. 서로 맛이 잘 어울리는 바질과 블랙 올리브를 넣어 새로운 맛이 매력적이고 식사 대용으로 손색없는 바질 올리브 스콘을 소개한다.

재료	분량
버터(냉장)	60g
박력분 베이킹파우더 소금 설탕	143g 5g 1.3g 17g
달걀(냉장) 생크림(냉장)	21g 85g
생 바질	5.7g
블랙 올리브	36g
달걀물*(생크림+달걀)	적당량

* 99쪽을 참고해 만든다.

알아두기

재료	• 버터는 사방 2cm 크기(큐브)로 썰어 냉장 보관(손 반죽 시 1cm 큐브, 푸드 프로세서 반죽 시 2cm 큐브) • 반드시 생 바질 사용 • 올리브: 동서 리치스 블랙 올리브 슬라이스 제품 사용
기타	• 오븐은 190℃로 예열한다. • 작업 도중 반죽이 너무 부드러워지거나 질어지면 냉장실에 잠시 넣어 굳힌 후 다시 꺼내 작업을 이어간다. • 기계 작업 방식으로 진행하였으나 손 반죽해도 된다.

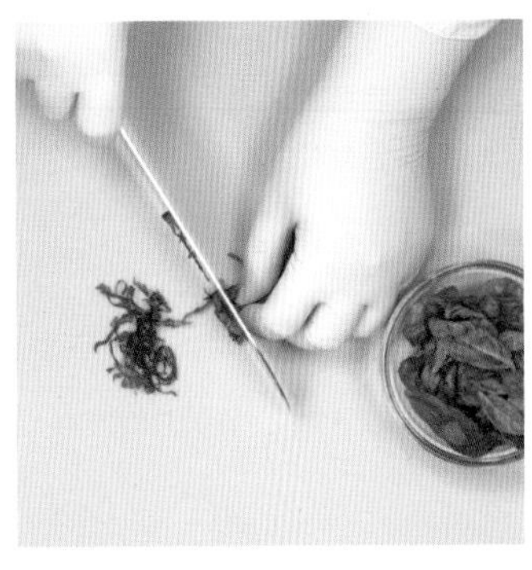

01 생 바질은 깨끗하게 씻어 채 썬다.

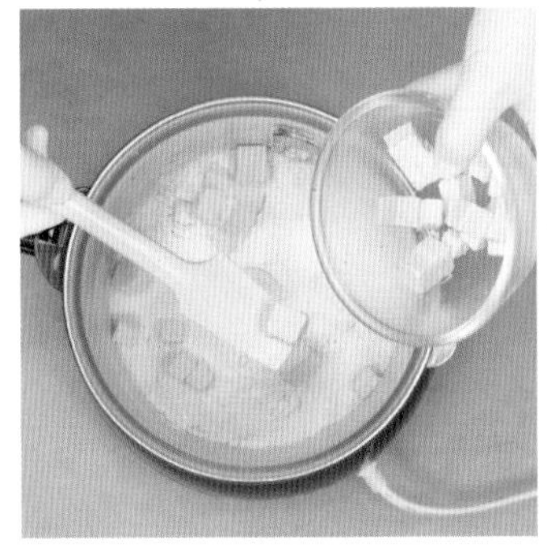

02 푸드 프로세서에 체 친 가루 재료(박력분, 베이킹파우더, 소금, 설탕)를 넣고 그 위에 썰어둔 버터를 넣는다.

03 푸드 프로세서의 순간 동작(펄스) 기능을 활용하여 버터가 팥알 크기가 될 때까지 짧게 끊어가며 작동시킨다. 많이 누르면 버터가 녹을 수 있으니 팥알 크기가 되었을 때 바로 멈춘다.

04 ③을 스테인리스 볼에 옮긴다. 채 썬 바질과 올리브를 흩뿌린 후 액체 재료(달걀, 생크림)를 붓고 둥근 스크래퍼로 섞는다.

05 둥근 스크래퍼로 반죽을 뭉친다.

※ 손으로 뭉치는 경우도 있으나 손의 열기로 반죽이 질어질 수 있어 추천하지 않는다.

06 실리콘 매트에 덧가루를 뿌린 후 반죽을 옮긴다. 스크래퍼로 반죽을 직사각형 모양으로 뭉친다.

※ 덧가루는 강력분을 사용하며, 매트나 밀대에 반죽이 묻지 않을 정도의 최소량만 쓰는 것이 좋다.

07 스크래퍼로 반죽을 2등분한 후 반죽 위에 반죽을 얹는다.

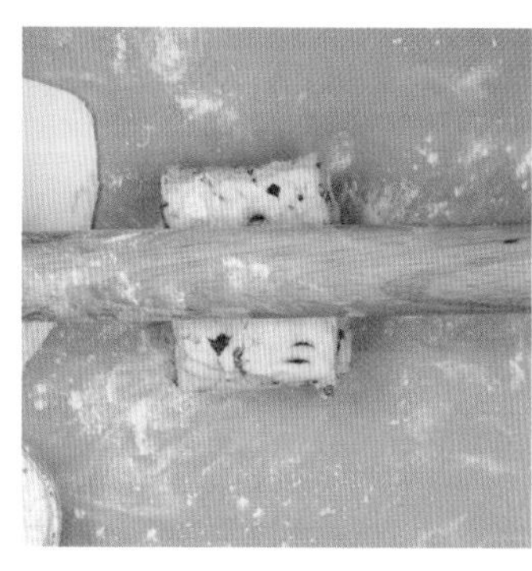

08 이 상태에서 밀대로 밀어 직사각형 모양으로 편다. 과정 ⑦, ⑧을 총 3회 반복한다.

09 비슷한 크기로 4등분한다.

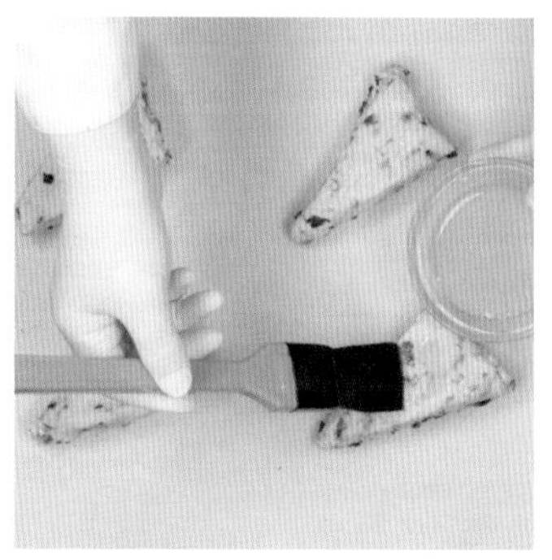

10 달걀물을 바른다.

11 190℃로 예열한 오븐에 넣어 190℃에서 13~15분간 굽고 식힘망에 올려 식힌다.

Cranberry Pecan Scone
크랜베리 피칸 스콘

4개분 | 190℃에서 13~15분

견과류 중에서 가장 고소한 피칸과 건포도에 비해 색감이 예쁜 크랜베리의 달콤새콤한 맛이 잘 어울리는 스콘이다. 씹을수록 피칸의 고소한 풍미가 입안 가득 퍼져 먹는 즐거움을 준다.

재료	분량
버터(냉장)	47g
박력분 베이킹파우더 소금 설탕	139g 5.6g 1.1g 28g
달걀(냉장) 생크림(냉장)	40g 36g
피칸 분태	32g
크랜베리	45g
달걀물*(생크림+달걀)	적당량

* 99쪽을 참고해 만든다.

알아두기

재료	• 버터는 사방 1cm 크기(큐브)로 썰어 냉장 보관(손 반죽 시 1cm 큐브, 푸드 프로세서 반죽 시 2cm 큐브) • 크랜베리는 21쪽을 참고해 전처리한 후 사용
기타	• 오븐은 190℃로 예열한다. • 작업 도중 반죽이 너무 부드러워지거나 질어지면 냉장실에 잠시 넣어 굳힌 후 다시 꺼내 작업을 이어간다.

01 스테인리스 볼에 가루 재료(박력분, 베이킹파우더, 소금, 설탕)를 체에 쳐서 넣고 썰어둔 버터를 위에 올린다.

02 둥근 스크래퍼로 버터에 가루를 입혀가며 더 작게 썬다.

03 버터가 팥알 크기가 될 때까지 작업한다.

04 피칸 분태와 크랜베리를 흩뿌린 후 액체 재료(달걀, 생크림)를 붓고 둥근 스크래퍼로 섞는다.

05 둥근 스크래퍼로 반죽을 뭉친다.

※ 손으로 뭉치는 경우도 있으나 손의 열기로 반죽이 질어질 수 있어 추천하지 않는다.

06 실리콘 매트에 덧가루를 뿌린 후 반죽을 옮긴다. 스크래퍼로 반죽을 직사각형 모양으로 뭉친다.

※ 덧가루는 강력분을 사용하며, 매트나 밀대에 반죽이 묻지 않을 정도의 최소량만 쓰는 것이 좋다.

07 스크래퍼로 반죽을 2등분한 후 반죽 위에 반죽을 얹는다.

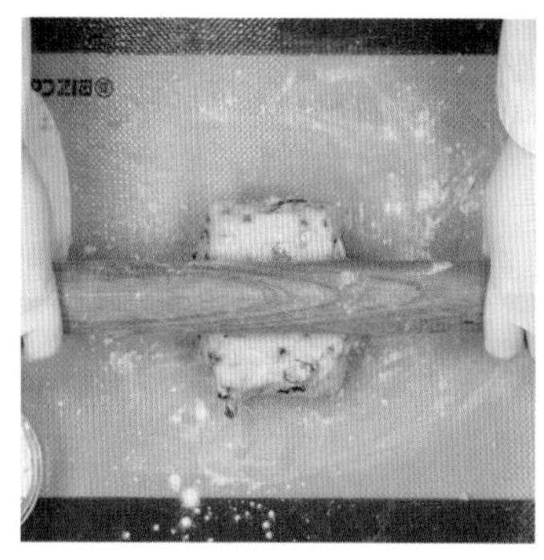

08 이 상태에서 밀대로 밀어 직사각형 모양으로 편다.

09 과정 ⑦, ⑧을 총 3회 반복한다.

10 비슷한 크기로 4등분한다.

11 달걀물을 바른다.

12 190℃로 예열한 오븐에 넣어 190℃에서 13~15분간 굽고 식힘망에 올려 식힌다.

Fig Scone
무화과 스콘

4개분 | 190℃에서 15분

무화과는 제과에서 많이 쓰이는 부재료로 스콘 재료로도 잘 어울린다. 특히나 무화과 씨를 씹었을 때 톡톡 터지는 식감은 먹는 재미를 더한다. 잼과 버터를 곁들이면 풍미와 비주얼이 살아난다.

재료	분량
버터(냉장)	58g
박력분 베이킹파우더 소금 설탕	150g 5.7g 1.2g 35g
달걀(냉장) 생크림(냉장)	33g 53g
반건조 무화과	33g
달걀물*(생크림+달걀)	적당량

Deco 1	
무화과 잼**	적당량

Deco 2	
버터 조각	4개(약 3cm×1cm×1cm 크기)

* 99쪽을 참고해 만든다.
** 122쪽 '플러스 페이지'를 참고해 만든다.

알아두기

재료	• 반죽용 버터는 사방 1cm 크기(큐브)로 썰어 냉장 보관 • 버터 조각도 미리 준비하여 냉장 보관 • 반건조 무화과는 미온수에 5분 정도 담가두었다가 건져내 물기를 제거한 후 꼭지를 떼고 잘게 썬다.
기타	• 오븐은 190℃로 예열한다.

SUGAR

01 스테인리스 볼에 가루 재료(박력분, 베이킹파우더, 소금, 설탕)를 체에 쳐서 넣고 썰어둔 버터를 위에 올린다.

02 둥근 스크래퍼로 버터에 가루를 입혀가며 더 작게 썬다.

03 버터가 팥알 크기가 될 때까지 작업한다.

04 불려서 잘게 썰어둔 무화과를 넣는다.

05 액체 재료(달걀, 생크림)를 붓고 둥근 스크래퍼로 반죽을 썰듯이 섞어가며 한 덩어리로 뭉친다.

※손으로 뭉치는 경우도 있으나 손의 열기로 반죽이 질어질 수 있어 추천하지 않는다.

06 반죽을 약 90g씩, 총 4개로 분할한다.

07 반죽을 동그랗게 빚는다. 윗면을 살짝 누른 후 달걀물을 바르고 190℃로 예열한 오븐에 넣어 190℃에서 15분간 굽는다.

08 오븐에서 꺼내 식힘망에 올려 식힌 후 씨제거기로 스콘의 윗면을 파낸다.

09 짤주머니에 무화과 잼을 넣어 씨제거기로 파낸 자리에 채운다.

10 버터 조각을 올린다.

TIP

손 반죽과 기계 반죽법

손 반죽법은 스크래퍼로 작업한다. 스크래퍼 대신 도우 블렌더를 사용해도 좋다.
기계 반죽법은 손으로 하는 공정을 푸드 프로세서가 대신 해 주는 개념이다. 모든 공정을 기계로 할 수 있으나, 초보자가 처음부터 끝까지 기계로 반죽하면 푸드 프로세서를 과하게 가동해 반죽이 질어지는 경우가 종종 있다. 그래서 이 책에서는 버터와 가루 재료를 섞는 용도로만 기계를 사용하였다. 스콘 만들기 과정이 익숙해지면 모든 공정을 기계로 작업해도 좋다.

Red Bean Paste & Butter Matcha Scone

앙버터 말차 스콘

4개분 | 190℃에서 15분

제과에 가장 많이 접목시키는 동양적인 재료는 단연 말차다. 특히 아시아 및 우리나라 시장에서는 말차가 들어간 제과 제품들이 인기가 많다. 남녀노소에게 사랑받는 앙버터를 말차 스콘과 접목시켜 자칫 단조로울 수 있는 말차 스콘에 변화를 주었다.

재료	분량
버터(냉장)	65g
박력분	153g
베이킹파우더	6.3g
소금	1.3g
말차가루	7g
설탕	37g
달걀(냉장)	39g
생크림(냉장)	60g
달걀물*(생크림+달걀)	적당량

Deco	
버터 조각	8개(6cm×1cm×0.5cm 크기)
통팥앙금 반죽	4개(1cm 지름 x 5cm 길이 원통형으로 성형한 것)

* 99쪽을 참고해 만든다.

알아두기

재료	• 반죽용 버터는 사방 1cm 크기(큐브)로 썰어 냉장 보관 • 말차가루: 유기농 보성 선운 말차가루 제품 사용 • 통팥앙금: 비앤씨 마켓 프리미엄 통팥앙금 제품 사용
기타	• 오븐은 190℃로 예열한다. • 데코용 버터 조각과 통팥앙금은 반죽을 만들기 전에 미리 준비해 냉장 보관한다.

SUGAR
LANE
BAKING

01 스테인리스 볼에 가루 재료(박력분, 베이킹파우더, 소금, 말차가루, 설탕)를 체에 쳐서 넣는다.

02 썰어둔 버터를 위에 올린다.

03 둥근 스크래퍼로 버터에 가루를 입혀가며 더 작게 썬다.

04 버터가 팥알 크기가 될 때까지 작업한다.

05 액체 재료(달걀, 생크림)를 붓고 둥근 스크래퍼로 반죽을 썰듯이 섞어가며 한 덩어리로 뭉친다.

06 둥근 스크래퍼로 반죽을 뭉친다.

※손으로 뭉치는 경우도 있으나 손의 열기로 반죽이 질어질 수 있어 추천하지 않는다.

07 반죽을 과하게 치대지 말고 살살 한 덩어리로 뭉친다.

08 반죽을 약 90g씩, 총 4개로 분할한다.

09 반죽을 동그랗게 빚는다. 윗면을 살짝 누른 후 달걀물을 바르고 190℃로 예열한 오븐에 넣어 190℃에서 15분간 굽는다.

10 오븐에서 꺼내 식힘망에 올려 식힌 후 윗면을 어슷하게 썬다.

11 미리 준비해둔 데코용 버터 2조각을 올린 후 사이에 통팥앙금을 넣는다.

PLUS PAGE

Jam

수제 잼

과일과 설탕을 졸여 만든 잼은 쓸모가 정말 많다. 잼은 단독으로 판매하기도 하지만, 스콘, 쿠키, 파이, 마카롱 등 디저트에 활용하는 경우가 더 많다. 잼은 졸일 때 적정한 완성 농도만 알면 시판 잼보다 건강한 저당도 잼을 만들 수 있다. 다양하게 활용이 가능한 수제 잼 레시피를 소개한다.

알려두기

- 생 과일과 냉동 과일 모두 사용 가능하며, 설탕은 백설탕을 사용한다. 황설탕, 흑설탕은 특유의 향이 있어 과일 향을 극대화할 수 없기 때문에 추천하지 않는다.
- 과일의 상태가 좋을수록 양질의 잼을 만들 수 있다.
- 펙틴 없이도 잼을 만들 수 있으므로 펙틴은 사용하지 않았다.
- 설탕은 과육의 30% 정도를 넣는 것이 적당하고 그보다 적게 넣을수록 보관 기간이 짧아지니 참고한다.
- 일반 과일잼은 잼 완성 시 무게가 끓이기 전보다 35~40% 줄어든다(건조/반건조 과일 사용 시 제외). 수분이 많은 밀크티 잼류는 50~55% 줄어든다.
- 완성한 잼을 담는 병 소독 방법은 26쪽을 참고한다.
- 잼이 완성되었는지 확인하려면 찬물에 잼을 조금 떨어뜨려 보자. 잼이 퍼지지 않고 선명하게 덩어리지면 완성된 것이다(찬물 테스트).

보관하기

- 개봉 전 3주, 개봉 후 냉장 보관 1주
- 수제 잼에는 방부제가 없으므로 시판 잼보다 유통 기한이 짧다.

와인 무화과 잼

와인에 반건조 무화과, 설탕을 넣고 졸인 와인 무화과잼은 톡톡 씹히는 식감과 와인의 향이 어우러진 어른스러운 맛의 잼이다. 레드 와인을 잼을 비롯한 여러 음식에 넣으면 향이 좋고, 색감도 먹음직스러워진다.

재료

반건조 무화과_ 300g
레드 와인(달지 않은 것)_ 150g
설탕_ 75g

알아두기

- 반건조 무화과는 수분이 적으므로 졸여서 잼을 만들기보다는 볶아서 수분을 없앤다.
- 레드 와인은 반건조 무화과에 향과 색감을 더하는 용도이므로 저렴한 것을 써도 된다. 잼을 졸이는 과정에서 레드 와인의 알코올 성분은 날아간다.

01 재료를 모두 준비한다.

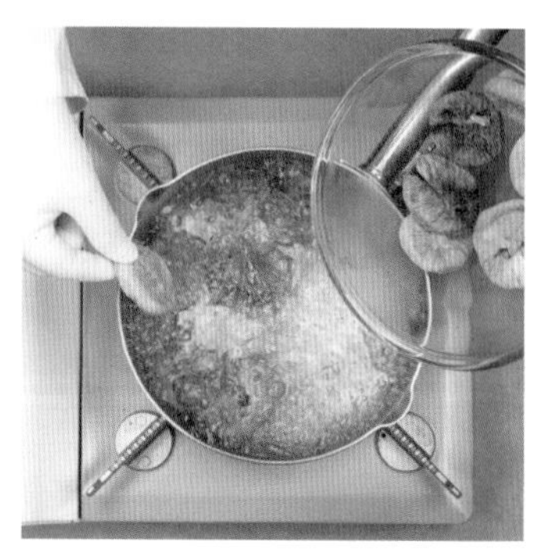

02 꼭지를 제거하지 않은 반건조 무화과를 끓는 물에 넣고 2분간 데친 후 찬물에 넣어 흔들어 씻는다.

03 무화과의 꼭지를 제거한 후 적당한 크기로 잘라 그릇에 담는다.

04 레드 와인을 넣는다.

05 핸드블렌더로 곱게 간다.

06 냄비에 ⑤와 설탕을 넣는다.

07 불에 올려 주걱으로 저어가며 졸인다. 처음에는 냄비 아래가 깨끗하다.

08 재료가 졸여지면서 냄비에 눌어붙으면 수분이 많이 날아갔다는 신호다. 이때 불을 끈다.

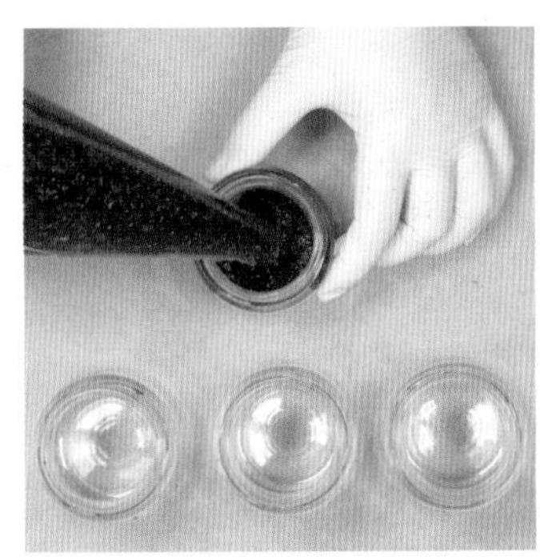

09 병에 담아 보관한다. 와인 무화과 잼은 수분이 적은 잼이므로 찬물 테스트를 하지 않아도 육안으로 완성 상태를 판단할 수 있다.

Earl Grey Milk Tea Jam

얼그레이 밀크티 잼

얼그레이 향과 유제품의 고소함이 잘 어우러져 여성들이 선호하는 잼이다. 생크림과 우유가 1:1인 배합인데, 기호에 따라 생크림을 우유보다 많게 넣으면 유제품의 진한 맛을 낼 수 있고 우유를 많이 넣으면 가볍고 깨끗한 맛을 낼 수 있다.

재료

동물성 생크림_ 250g
우유_ 250g
얼그레이 티_ 8~10g
설탕_ 40~50g

알아두기

- 생크림은 반드시 동물성 생크림 사용
- 얼그레이 티: 아크바Akbar 티백 제품 사용
- 우유는 끓이는 과정에서 양이 줄어들 수 있으므로 조금 더 준비한 후 과정 ④에서 추가한다.
- 설탕은 유제품의 10% 정도만 넣고 기호에 따라 가감한다.

01 재료를 모두 준비한다.

02 냄비에 우유, 얼그레이 티를 넣고 80~90℃로 가열한다. 불을 끄고 뚜껑을 닫은 후 10분간 우린다.

※ 너무 오래 우리면 떫은맛이 날 수 있으니 주의한다.

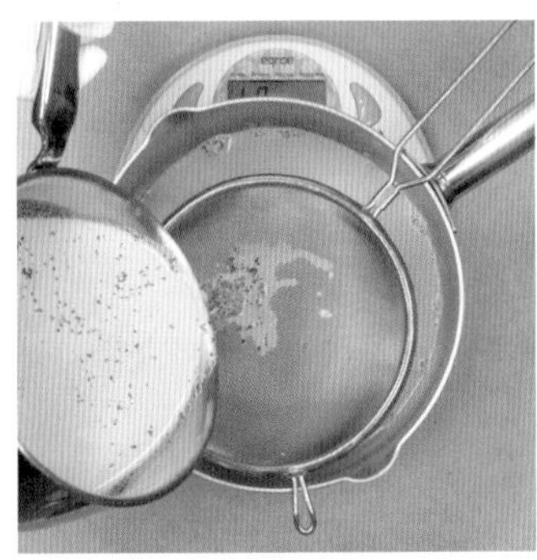

03 체에 밭쳐 얼그레이 티를 거른다.

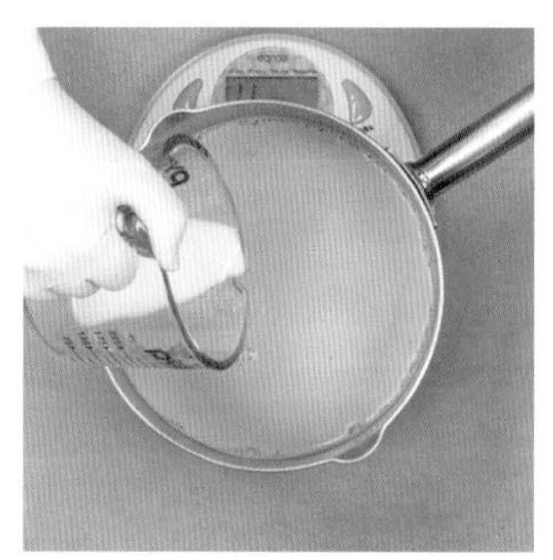

04 ③의 얼그레이 티를 우려낸 우유의 무게를 계량한 후 우유를 추가해서 총 250g이 되도록 맞춘다.

05 생크림, 설탕을 넣는다.

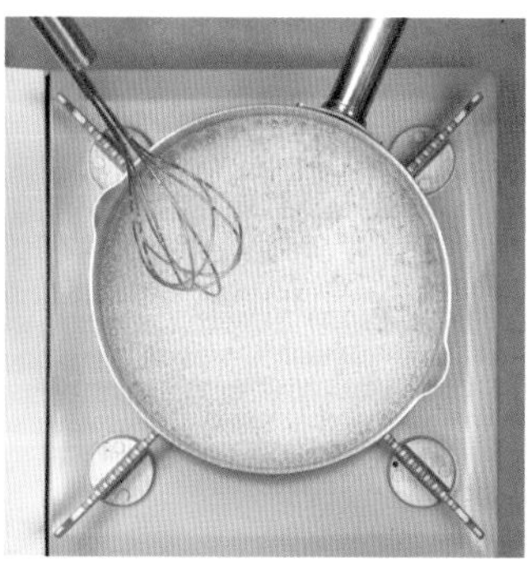

06 넘치지 않도록 잘 저어가며 졸인다. 우유를 끓이는 과정이므로 거품이 많이 생길 수 있으니 불 조절에 신경 쓴다.

07 내용물이 졸아들면 거품도 줄어든다. 유제품의 수분이 날아가 색이 진해지고 농도가 살짝 걸쭉해지면 불을 끈다.

08 무게를 재서 총량의 50~55%가 줄었다면 완성된 것이다. 냉장실에 넣어 하루 정도 식힌다. 농도가 묽을 경우 재가열하여 농도를 되직하게 맞춰도 좋다.

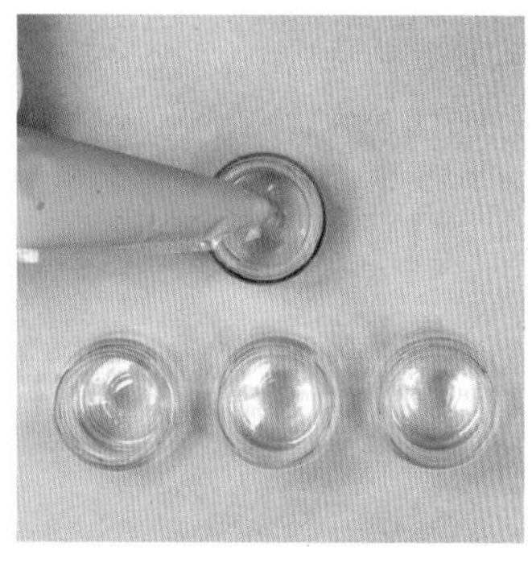

09 병에 담아 보관한다.

Basil & Strawberry Jam

바질 딸기 잼

딸기 잼은 가장 보편적으로 많이 먹는 잼이다. 그만큼 남녀노소 호불호 없이 즐기는 맛인데, 여기에 바질을 첨가해 한 끗 차이의 맛과 향을 더했다.

재료

- 냉동 딸기_ 400g
- 설탕_ 120g
- 바질_ 6g
- 레몬즙_ 4g

알아두기

• 바질은 사용하기 직전에 깨끗이 씻어서 물기를 제거한 후 다진다.

01 재료를 모두 준비한다.

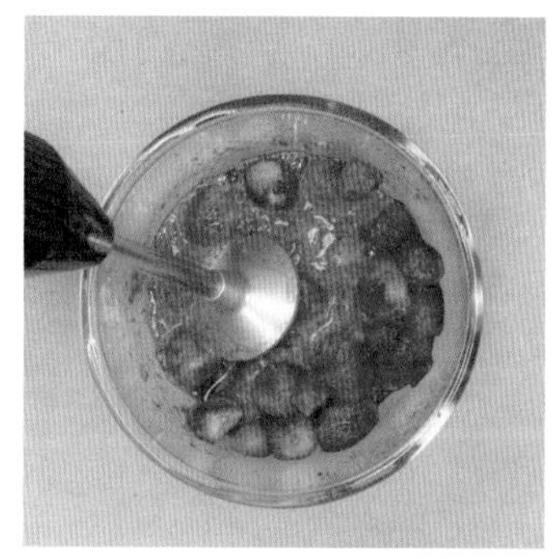

02 볼에 딸기를 넣고 핸드블렌더로 간다. 곱게 갈면 과육이 씹히지 않아 깔끔하며 굵게 갈면 과육이 살아있어 식감이 좋으니 용도와 기호에 맞게 간다.

03 냄비에 ②와 설탕을 넣고 주걱으로 저어가며 끓인다. 중간중간 거품을 걷어낸다.

※ 거품을 걷어내지 않으면 완성한 후에도 거품이 보여 지저분하다.

04 냄비 밖으로 잼이 많이 튀고 잼의 색이 진해지면 바질을 넣는다.

05 찬물 테스트로 졸여진 정도를 확인한 후 레몬즙을 넣고 잘 저어준다.

06 병에 담아 보관한다.

Lemon & Blueberry Jam

레몬 블루베리 잼

레몬 블루베리 잼은 다소 향이 약한 블루베리의 약점을 상큼한 레몬으로 보완해 색감과 맛을 극대화했다.

재료

냉동 블루베리_ 300g
설탕_ 90g
생 레몬즙_ 20g
레몬제스트_ 1g

알아두기

• 냉동 블루베리에 성에가 있으면 체에 밭쳐 흐르는 물에 씻어 물기를 뺀다.

01 재료를 모두 준비한다.

02 볼에 살짝 녹은 블루베리를 넣고 핸드블렌더로 간다. 곱게 갈면 과육이 씹히지 않아 깔끔하며 굵게 갈면 과육이 살아있어 식감이 좋으니 용도와 기호에 맞게 간다.

03 냄비에 블루베리와 설탕을 넣고 주걱으로 저어가며 끓인다. 중간중간 거품을 걷어낸다.

※ 거품을 걷어내지 않으면 완성한 후에도 거품이 보여 지저분하다.

04 냄비 밖으로 잼이 많이 튀고 잼의 색이 진해지면 레몬즙을 넣는다.

05 레몬제스트를 넣고 잘 저어가며 끓인다.

06 찬물 테스트로 졸여진 정도를 확인한 후 병에 담아 보관한다.

COOKIE

4

COOKIE

쿠키

쿠키는 디저트Dessert 중에서 가장 기본이면서도 남녀노소, 누구에게나 꾸준히 사랑받는 구움과자 중 하나이다. 간혹 단조롭다고 생각하는 사람이 있지만, 조금만 베리에이션Variation을 주거나 장식을 바꾸면 만들기 쉬우면서도 훌륭한 '가성비' 디저트가 완성된다.

쿠키는 카페에서 커피와 같이 먹기 좋은 디저트이기에 쿠키 몇 가지는 갖추는 것을 추천한다.

이 책에서 소개할 쿠키는 베이킹 틀이나 쿠키 모양 커터가 필요 없어서 베이킹을 처음 시작하는 입문자도 부담 없이 시도해 볼 수 있는 쿠키들이다. 클래식 르뱅 쿠키를 제외하고 쿠키는 40g 정도로 부담스럽지 않은 크기로 만들었다.

알려두기

- 모든 반죽 재료는 실온(20℃ 전후) 상태로 준비한다.
- 반죽 시 버터에 설탕을 넣은 후 설탕이 버터 사이사이로 고르게 퍼지는 정도로만 휘핑한다. 설탕을 완전히 녹이려고 과하게 휘핑하면 반죽이 질어지고 구웠을 때 많이 퍼질 수 있다.
- 백설탕보다 황설탕을 사용하면 쿠키가 더 촉촉하다.
- 밀가루는 박력분, 중력분 모두 사용 가능하다. 단, 박력분이 더 잘 부스러지고 바삭하다.
- 한 팬에 올린 쿠키 반죽의 양이 제각각이면 구웠을 때 익은 정도가 달라지므로 반죽 분할 시 중량을 꼭 맞춰야 한다.

보관하기

- 반죽 : 냉동 보관 2주
- 완성한 쿠키 : 실온 밀폐 보관 4~5일

Lemon Cookie

레몬 쿠키

6개분 | 170℃에서 12~13분

레몬의 상큼함과 쿠키의 고소함을 모두 느낄 수 있다. 레몬즙과 레몬제스트를 활용하여 향과 맛을 냈고, 캔디 레몬필을 넣어 씹는 맛까지 더했다.

재료	분량
버터	51g
황설탕	52g
달걀	15g
바닐라익스트랙	소량
박력분	91g
소금	0.8g
베이킹 소다	0.8g
생 레몬즙	4.5g
캔디 레몬필	28g
레몬제스트	6g

Deco 1 레몬 아이싱	
생 레몬즙	4g
분당	20g

Deco 2 파스티아주*	
파스티아주	6개

* 34쪽을 참고해 만든다.

알아두기

재료	• 생 레몬즙: 레몬 생과를 착즙해 사용하거나 레몬 퓨레(브와롱 Boiron) 사용 • 캔디 레몬필: 제원인터내셔널 제품 사용 • 레몬제스트: 카프리Capfruit 냉동 제품 사용
기타	• 재료는 실온 상태로 준비하고 오븐은 170℃로 예열한다.

01 믹싱 볼에 버터를 넣고 핸드믹서 1~2단으로 부드럽게 푼다.

02 황설탕을 두 번에 나누어 넣으면서 휘핑한다. 설탕이 버터 사이사이로 고르게 퍼지는 정도로만 휘핑한다.

03 실온에 둔 달걀에 바닐라 익스트랙을 넣은 후 두 번에 나누어 넣어가며 섞는다.

※ 달걀이 실온 상태여야 반죽이 분리될 확률을 줄일 수 있다.

04 가루 재료(박력분, 소금, 베이킹 소다)를 모두 체에 쳐서 넣는다.

05 레몬즙, 캔디 레몬필, 레몬제스트를 넣고 섞는다.

06 주걱으로 섞어가며 한 덩어리로 반죽한다.

07 반죽을 35~40g씩, 총 6개로 분할한다.

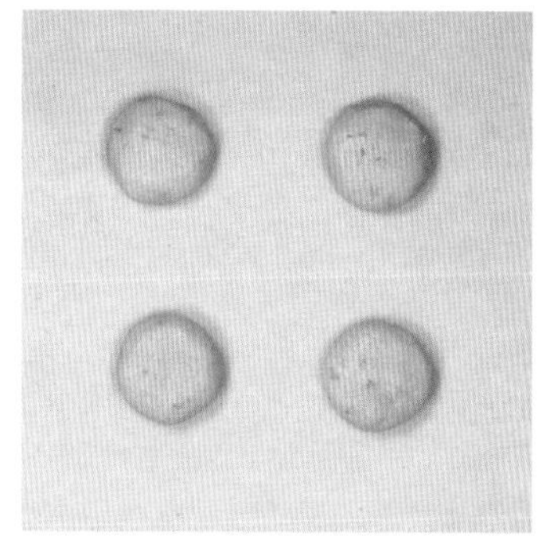

08 분할한 쿠키 반죽을 동그랗게 만든 후 살짝 눌러서 팬에 올린다. 동그랗게 빚은 반죽을 누르는 정도에 따라 쿠키의 크기와 두께가 달라지므로 일정하게 눌러주는 것이 중요하다.

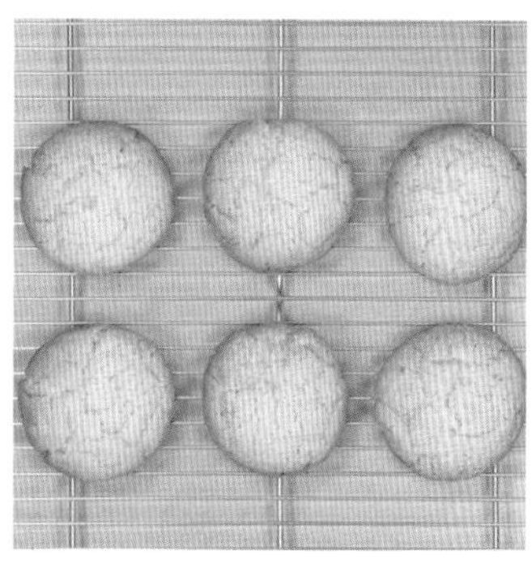

09 170℃로 예열한 오븐에 넣어 170℃에서 12~13분간 구운 후 오븐에서 꺼내 식힘망에 올린다.

10 쿠키가 식는 동안 레몬즙과 분당을 섞어 레몬 아이싱을 만든다.

※33쪽을 참고한다.

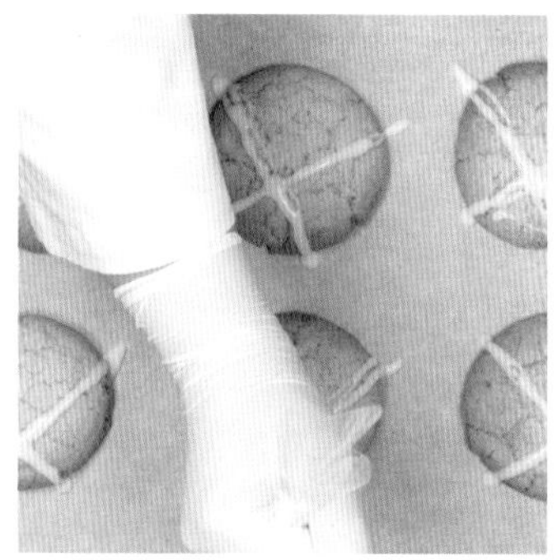

11 작은 짤주머니에 레몬 아이싱을 넣고 완전히 식은 쿠키 위에 짠다.

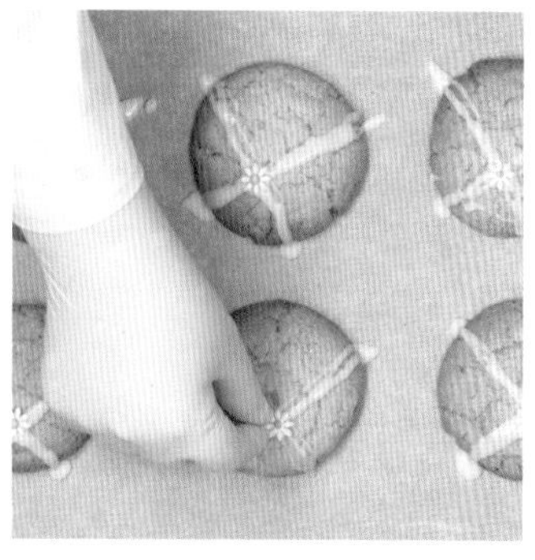

12 레몬 아이싱이 굳기 전에 파스티야주를 올린다. 레몬 아이싱이 굳으면 파스티야주가 붙지 않으니 주의한다.

Berry Coconut Cookie

베리 코코넛 쿠키

6개분 | 170℃에서 12~13분

쿠키 반죽에 코코넛 분말을 넣어 구운 후 코코넛을 듬뿍 올려 코코넛 특유의 고소함과 풍미를 높인 색다른 쿠키다. 또한 크랜베리를 넣어 붉은 빛깔과 씹는 맛을 동시에 느낄 수 있다.

재료	분량
버터	52g
황설탕	52g
달걀 바닐라익스트랙	21g 소량
박력분 코코넛파우더 소금 베이킹 소다	87g 6g 0.8g 0.9g
크랜베리	29g

Deco	
화이트 코팅 초콜릿 / 코코넛파우더 / 동결 건조 라즈베리	적당량

알아두기

재료	• 크랜베리는 21쪽을 참고해 전처리한 후 사용 • 화이트 코팅 초콜릿: 카카오 바리 빠떼아글라세 이브와 Cacaobarry Pate A Glacer Ivoire 제품 사용 • 동결 건조 라즈베리: 소사Sosa 산딸기 크리스피 제품 사용
기타	• 재료는 실온 상태로 준비하고 오븐은 170℃로 예열한다.

01 믹싱 볼에 버터를 넣고 핸드믹서 1~2단으로 부드럽게 푼다

02 황설탕을 두 번에 나누어 넣어가며 휘핑한다. 설탕이 버터 사이사이로 고르게 퍼지는 정도로만 휘핑한다.

03 실온에 둔 달걀에 바닐라 익스트랙을 넣은 후 두 번에 나누어 넣어가며 섞는다.

※ 달걀이 실온 상태여야 반죽이 분리될 확률을 줄일 수 있다.

04 가루 재료(박력분, 코코넛파우더, 소금, 베이킹 소다)를 모두 체에 쳐서 넣는다.

05 핸드믹서로 가볍게 섞는다. 반죽이 한 덩어리가 되기 전에 크랜베리를 넣고 주걱으로 섞는다.

06 주걱으로 섞어가며 한 덩어리로 반죽한다.

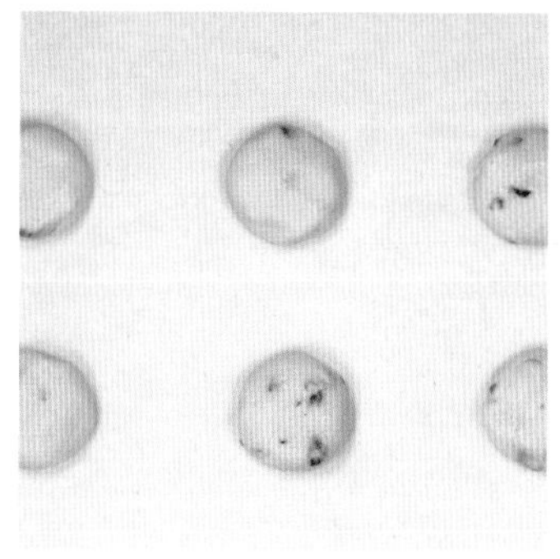

07 반죽을 35~40g씩, 총 6개로 분할한다.

08 분할한 쿠키 반죽을 동그랗게 만든 후 살짝 눌러서 팬에 올린다. 동그랗게 빚은 반죽을 누르는 정도에 따라 쿠키의 크기와 두께가 달라지므로 일정하게 눌러주는 것이 중요하다.

09 170℃로 예열한 오븐에 넣어 170℃에서 12~13분간 구운 후 오븐에서 꺼내 식힘망에 올린다.

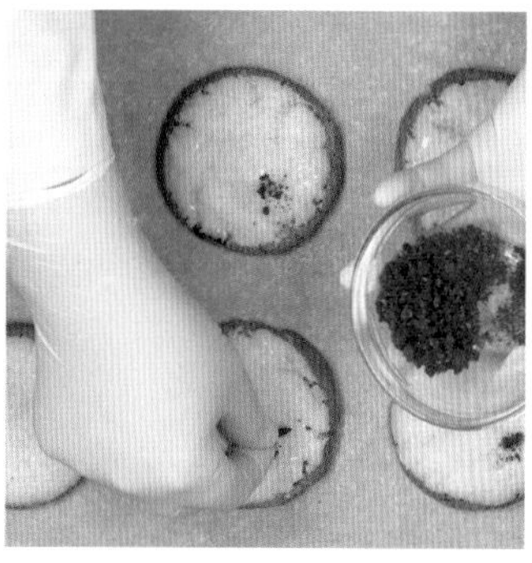

10 데코용 화이트 코팅 초콜릿을 중탕으로 혹은 전자레인지에 넣어 완전히 녹인다. 50℃가 넘지 않게 녹인 후 30℃로 온도를 맞춘다. 쿠키가 완전히 식으면 초콜릿을 쿠키 윗면에 묻힌다.

11 초콜릿이 완전히 굳기 전에 코코넛파우더를 뿌린다.

12 마지막으로 동결 건조 라즈베리 분태를 올린다.

Matcha Cookie

말차 쿠키

6개분 | 170℃에서 12~13분

말차의 쌉싸름한 맛에 화이트 커버춰 초콜릿을 추가하여 부드러움과 달콤함을 더한 쿠키다.

재료	분량
버터	53g
황설탕	56g
달걀 바닐라 익스트랙	21g 소량
박력분 말차가루 소금 베이킹 소다	89g 4.7g 0.8g 0.8g
화이트 커버춰 초콜릿	24g

Deco	
화이트 코팅 초콜릿 / 말차가루	적당량

알아두기

재료	• 말차가루: 유기농 보성 선운 말차가루 제품 사용 • 화이트 커버춰 초콜릿: 칼리바우트Callebaut 제품 사용 • 화이트 코팅 초콜릿: 카카오 바리 빠떼아글라세 이브와 Cacaobarry Pate A Glacer Ivoire 제품 사용
기타	• 재료는 실온 상태로 준비하고 오븐은 170℃로 예열한다.

Who's
make
a cup
In uniso
replied, "What's wrong
with your legs?"

01 믹싱 볼에 버터를 넣고 핸드믹서 1~2단으로 부드럽게 푼다

02 황설탕을 두 번에 나누어 넣어가며 휘핑한다. 설탕이 버터 사이사이로 고르게 퍼지는 정도로만 휘핑한다.

03 실온에 둔 달걀에 바닐라 익스트랙을 넣은 후 두 번에 나누어 넣어가며 섞는다.

※ 달걀이 실온 상태여야 반죽이 분리될 확률을 줄일 수 있다.

04 가루 재료(박력분, 말차가루, 소금, 베이킹 소다)를 모두 체에 쳐서 넣는다.

05 핸드믹서로 가볍게 섞는다.

06 화이트 커버춰 초콜릿을 넣고 주걱으로 섞는다.

07 주걱으로 섞어가며 한 덩어리로 반죽한다.

08 반죽을 35~40g씩, 총 6개로 분할한다.

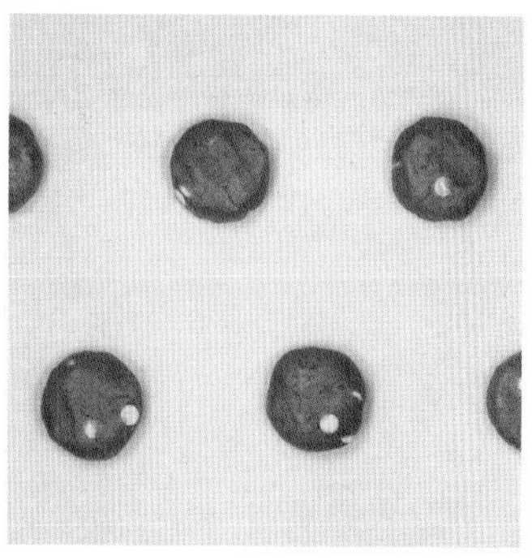

09 분할한 쿠키 반죽을 동그랗게 만든 후 살짝 눌러서 팬에 올린다. 동그랗게 빚은 반죽을 누르는 정도에 따라 쿠키의 크기와 두께가 달라지므로 일정하게 눌러주는 것이 중요하다.

10 170℃로 예열한 오븐에 넣어 170℃에서 12~13분간 구운 후 오븐에서 꺼내 식힘망에 올린다.

11 데코용 화이트 코팅 초콜릿을 중탕으로 혹은 전자레인지에 넣어 완전히 녹인다. 50℃가 넘지 않게 녹인 후 30℃로 온도를 맞춘다. 쿠키가 완전히 식으면 초콜릿을 쿠키 윗면의 절반에만 묻힌다.

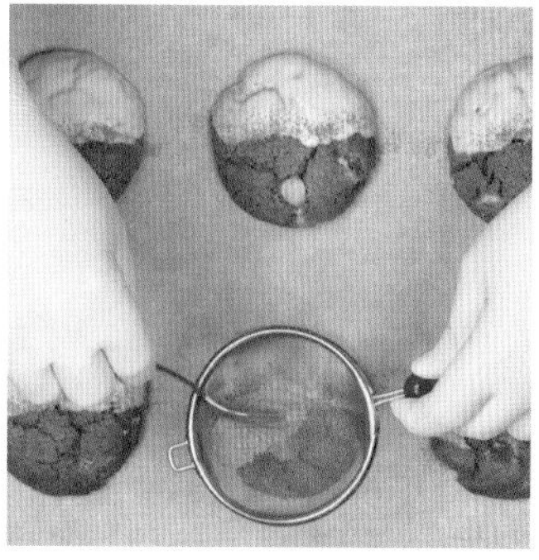

12 초콜릿이 완전히 굳기 전에 말차 가루를 뿌린다.

Double Chocolate Cookie

더블 초코 쿠키

6개분 | 170℃에서 12~13분

초코 쿠키는 플레인 쿠키보다 더 많이 판매될 정도로 '쿠키' 하면 가장 먼저 떠오르는 맛이다. 해당 제품의 경우 반죽에 코코아파우더, 커버춰 초콜릿, 초코칩을 넣어 더욱 진한 초콜릿 맛을 느낄 수 있다.

재료	분량
버터	54g
황설탕	57g
달걀	21g
바닐라 익스트랙	소량
박력분	87g
코코아파우더	6g
소금	0.8g
베이킹 소다	0.9g
다크 커버춰 초콜릿	16g
초코칩	7g

Deco	
초코칩	적당량

알아두기

재료	• 코코아파우더: 발로나Valrhona 제품 사용 • 다크 커버춰 초콜릿: 칼리바우트Callebaut 다크 811 제품 사용 • 초코칩: 제원인터내쇼날 수입품 사용
기타	• 재료는 실온 상태로 준비하고 오븐은 170℃로 예열한다.

01 믹싱 볼에 버터를 넣고 핸드믹서 1~2단으로 부드럽게 푼다.

02 황설탕을 두 번에 나누어 넣어가며 휘핑한다. 설탕이 버터 사이사이로 고르게 퍼지는 정도로만 휘핑한다.

03 실온에 둔 달걀에 바닐라 익스트랙을 넣은 후 두 번에 나누어 넣어가며 섞는다.

※ 달걀이 실온 상태여야 반죽이 분리될 확률을 줄일 수 있다.

04 가루 재료(박력분, 코코아파우더, 소금, 베이킹 소다)를 모두 체에 쳐서 넣는다.

05 핸드믹서로 가볍게 섞는다.

06 다크 커버춰 초콜릿과 초코칩을 넣고 섞는다.

07 주걱으로 섞어가며 한 덩어리로 반죽한다.

08 반죽을 35~40g씩, 총 6개로 분할한다.

09 분할한 쿠키 반죽을 동그랗게 만든 후 살짝 누른다. 그 위에 초코칩을 올리고 다시 살짝 누른다. 반죽을 누르는 정도에 따라 쿠키의 크기와 두께가 달라지므로 일정하게 눌러주는 것이 중요하다.

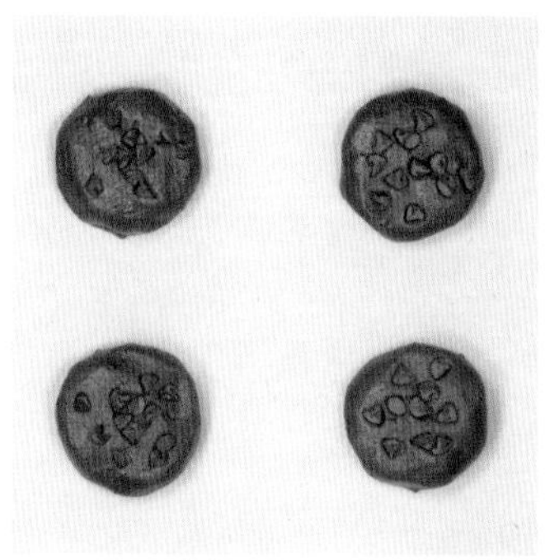

10 오븐 팬에 올려 170℃로 예열한 오븐에 넣어 170℃에서 12~13분간 굽는다.

11 오븐에서 꺼내 식힘망에 올려 식힌다.

Caramel Peanut Cookie

캐러멜 땅콩 쿠키

6개분 | 170℃에서 12~13분

수제 캐러멜의 달콤 쌉싸름한 맛과 잘 어울리는 땅콩을 쿠키 반죽에 넣어 고소함과 씹는 맛을 주었다.

재료	분량
버터	53g
황설탕	56g
달걀 바닐라 익스트랙	20g 소량
박력분 소금 베이킹 소다	89g 0.4g 0.9g
땅콩 분태	30g
땅콩	15~20알

Deco	
캐러멜*	적당량

* 30쪽을 참고해 만든다.

알아두기

기타

- 재료는 실온 상태로 준비하고 오븐은 170℃로 예열한다.
- 데코용 캐러멜은 쿠키를 굽는 동안 미리 작은 짤주머니에 담아 준비한다.

01 믹싱 볼에 버터를 넣고 핸드믹서 1~2단으로 부드럽게 푼다.

02 황설탕을 두 번에 나누어 넣어가며 휘핑한다. 설탕이 버터 사이사이로 고르게 퍼지는 정도로만 휘핑한다.

03 실온에 둔 달걀에 바닐라 익스트랙을 넣은 후 두 번에 나누어 넣어가며 섞는다.

※ 달걀이 실온 상태여야 반죽이 분리될 확률을 줄일 수 있다.

04 가루 재료(박력분, 소금, 베이킹 소다)를 모두 체에 쳐서 넣는다.

05 핸드믹서로 가볍게 섞는다.

06 땅콩 분태를 넣는다.

07 주걱으로 섞어가며 한 덩어리로 반죽한다.

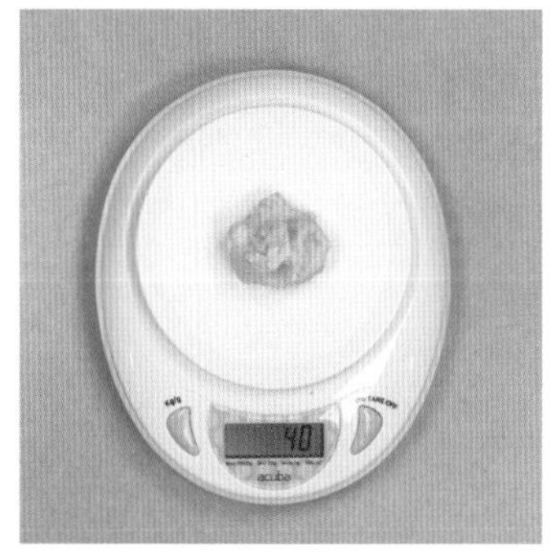

08 반죽을 35~40g씩, 총 6개로 분할한다.

09 분할한 쿠키 반죽을 동그랗게 만든 후 윗면에 땅콩을 올리고 살짝 누른다. 반죽을 누르는 정도에 따라 쿠키의 크기와 두께가 달라지므로 일정하게 눌러주는 것이 중요하다.

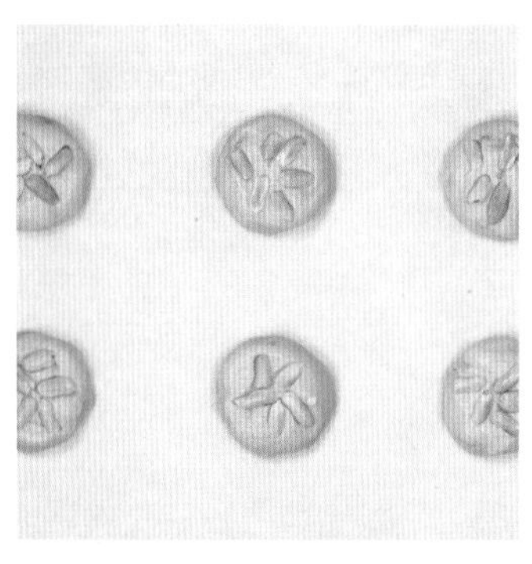

10 170℃로 예열한 오븐에 넣어 170℃에서 11~12분간 굽는다(완성되기 1분 전까지 굽는다).

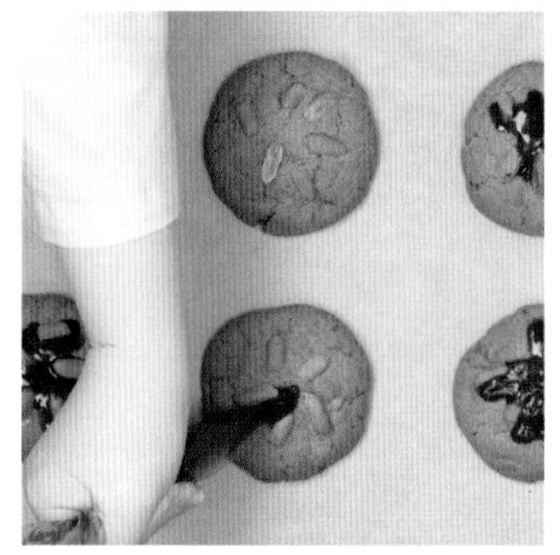

11 오븐에서 꺼낸다. 재빠르게 쿠키 윗면에 캐러멜을 짜고 다시 오븐에 넣어 1분간 굽는다.

※ 캐러멜을 짠 후 한 번 더 구우면 캐러멜이 녹아 쿠키 전체에 자연스럽게 퍼진다.

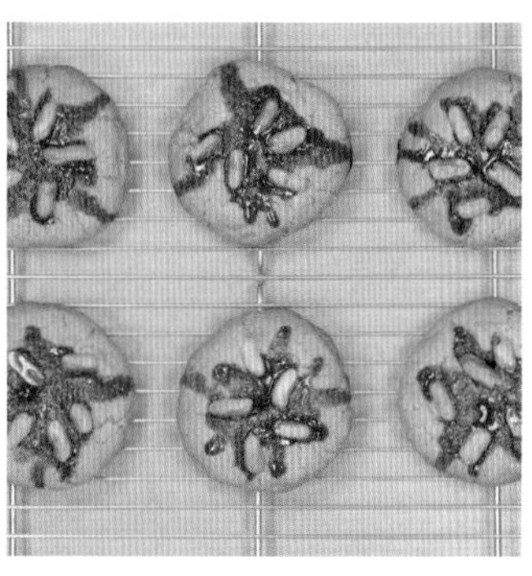

12 오븐에서 꺼내 식힘망에 올린다.

Classic Levain Cookie

클래식 르뱅 쿠키

2개분 | 180℃에서 15분

르뱅 쿠키는 뉴욕의 르뱅 베이커리에서 판매하여 유명해진 쿠키다. 전통적인 르뱅 쿠키는 200g 정도로 크기가 큰 것이 특징이며 겉은 바삭하며 속은 촉촉하고 당도가 높다. 지금 소개할 레시피는 기존 르뱅 쿠키보다 당도와 크기를 약간 줄여 우리나라 사람들의 입맛에 더 잘 맞게 완성한 것이다.

재료	분량
버터	48g
백설탕	15g
황설탕	21g
달걀	27g
바닐라 익스트랙	소량
박력분	27g
중력분	55g
소금	0.4g
베이킹 소다	0.4g
베이킹파우더	0.8g
호두 분태	44g
다크 커버춰 초콜릿	51g
크랜베리	27g

알아두기

재료	• 다크 커버춰 초콜릿: 칼리바우트Callebaut 제품 사용 • 크랜베리는 21쪽을 참고해 전처리한 후 사용 • 호두는 21쪽을 참고해 전처리한 후 칼로 다져서 분태로 사용
기타	• 재료는 실온 상태로 준비하고 오븐은 180℃로 예열한다.

01 믹싱 볼에 버터를 넣고 핸드믹서 1~2단으로 부드럽게 푼다.

02 백설탕과 황설탕을 섞은 후 두 번에 나누어 넣어가며 휘핑한다. 설탕이 버터 사이사이로 고르게 퍼지는 정도로만 휘핑한다.

03 실온에 둔 달걀에 바닐라 익스트랙을 넣은 후 두 번에 나누어 넣어가며 섞는다.

※ 이때 달걀이 실온 상태여야 반죽이 잘 섞인다.

04 가루 재료(박력분, 중력분, 소금, 베이킹 소다, 베이킹파우더)를 모두 체에 쳐서 넣는다.

05 핸드믹서로 가볍게 섞는다.

06 반죽이 한 덩어리가 되기 전에 나머지 재료(호두 분태, 다크 커버춰 초콜릿, 크랜베리)를 넣는다.

07 주걱으로 섞어가며 한 덩어리로 반죽한다.

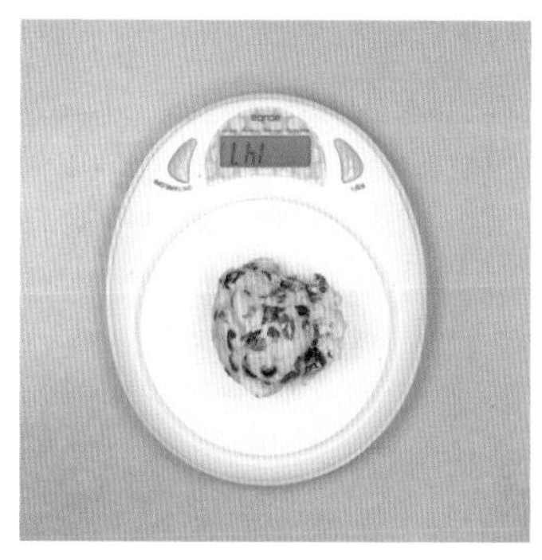

08 반죽을 약 150g씩, 2개로 분할한다.

09 분할한 쿠키 반죽을 동글린 후 살짝 눌러서 팬에 올린다. 반죽을 누르는 정도에 따라 쿠키의 크기와 두께가 달라지므로 일정하게 눌러주는 것이 중요하다.

10 180℃로 예열한 오븐에 넣어 180℃에서 15분간 구운 후 오븐에서 꺼내 식힘망에 올려 식힌다.

FINANCIER

5

FINANCIER

피낭시에

피낭시에는 마들렌과 자주 비교되는 구움과자다. 달걀 전부가 아니라 달걀흰자만 사용해 마들렌보다 식감이 가벼우며 버터를 태워서 넣어 고소한 풍미가 좋다. 태운 버터를 사용하는 것을 제외하고는 공정은 마들렌과 거의 동일해서 생산량은 조금밖에 차이가 나지 않는다.
피낭시에는 비교적 보편화된 마들렌보다 조금 더 특별한 디저트를 만들고 싶은 분들에게 안성맞춤이다. 마들렌과 마찬가지로 슈가레인의 피낭시에는 맛의 베리에이션과 데코로 제품을 고급화한 것이 특징이다.

일러두기

- 피낭시에 틀은 '정우공업사'의 '12구'를 사용했다.
  ※ 1구 크기 8cm(가로)×4cm(세로)×2cm(높이)
- 모든 반죽 재료는 실온(20℃ 전후) 상태로 준비한다(누아젯 버터 제외).

보관하기

- 반죽 : 보관 불가
- 완성한 피낭시에 : 실온 밀폐 보관 3~4일, 냉동 보관 2주(※ 완만 해동하여 섭취)

BASIC RECIPE 피낭시에 핵심 재료

누아젯 버터

누아젯 버터Beurre noisette는 태운 버터를 의미한다. 누아젯Noisette은 불어로 헤이즐넛이라는 의미인데 버터를 태우면 견과류의 고소한 풍미를 내므로 이렇게 부른다. 영어로는 'Brown butter'라고 부르기도 한다. 피낭시에는 반드시 누아젯 버터를 사용해야 한다. 피낭시에가 아니더라도 마들렌이나 다른 제과에 사용할 수 있으며 요리에도 흔하게 쓰인다. 미리 대량으로 만들어 냉장실에 넣어 두고 쓸 수 있다. 한 달간 냉장 보관 가능하며, 사용하기 전에 전자레인지에 넣어 녹인 후 사용한다.

재료

| 버터 100g

01 냄비에 실온에 둔 버터를 넣고 중간 불로 끓인다. 이때 버터를 얇게 썰어 넣으면 더 빨리 녹일 수 있다.

02 버터가 녹으며 보글보글 끓어오르면 버터의 고형분이 위로 떠오른다.

03 버터가 끓기 시작하면 시간이 지나면서 지글거리는 소리와 함께 거품이 생긴다.

※ 버터의 브랜드마다 거품의 양이 다르다.

04 거품이 사라지며 지글거리는 소리도 사라진다. 숟가락으로 거품을 걷어내어 버터 색깔을 확인한다.

05 갈색을 띠면 불에서 내린다. 잔열로 계속 끓는 것을 방지하기 위해 바로 얼음물에 넣어 식힌다.

06 체에 걸러 냉장 보관한다.

Vanilla Financier

바닐라 피낭시에

6개분 | 180℃에서 9~10분

누아젯 버터의 진한 풍미를 가장 잘 느낄 수 있는 클래식한 피낭시에에 바닐라파우더를 첨가해 바닐라의 풍미를 극대화시켰다.

재료	분량
달걀흰자	82g
꿀	15g
설탕	52g
바닐라파우더*	0.7g
아몬드가루	42g
박력분	33g
베이킹파우더	0.5g
누아젯 버터**	67g

Deco 1	
광택제	적당량

Deco 2	
파스티야주***	6개

Deco 3	
메이플 스포이드****	6개

* 20쪽을 참고해 만든다.

** 164쪽 '베이직 레시피'를 참고해 만든다

*** 34쪽을 참고해 만든다.

**** 스포이드 사용법은 35쪽을 참고한다.

알아두기

재료	• 아몬드가루: 푸드림 프리미엄 넛츠 아몬드가루 제품 사용 • 광택제: 압솔뤼 크리스탈 발로나Absolu Crystal Valrhona 제품 사용
기타	• 재료는 실온 상태로 준비하고 오븐은 190℃로 예열한다. • 누아젯 버터는 50℃ 전후로 녹인다.

SUGAR
LANE
BAKING

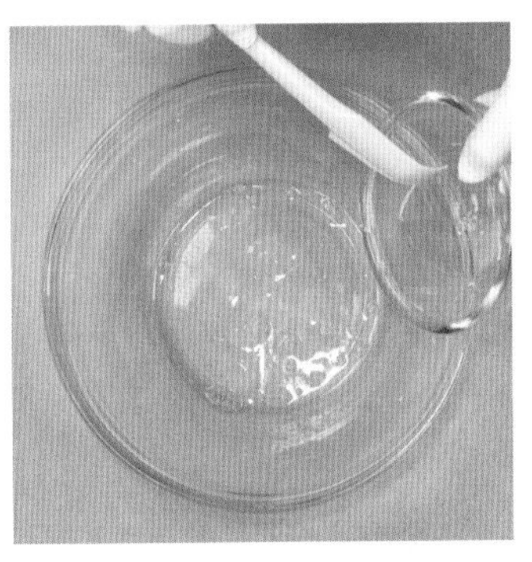

01 볼에 달걀흰자를 넣는다.

02 꿀을 넣고 섞는다.

03 설탕을 넣고 거품기로 섞는다. 사각사각 설탕 소리가 어느 정도 사라질 때까지 섞어 주되 거품을 내듯이 과하게 휘핑하지 않는다.

04 가루 재료(바닐라파우더, 아몬드가루, 박력분, 베이킹파우더)를 체에 쳐서 넣는다.

05 거품기로 볼 중앙에서 바깥으로 저어가며 밀가루가 보이지 않을 때까지 잘 섞는다.

06 50℃ 전후로 녹인 누아젯 버터를 넣고 부드럽게 골고루 섞는다.

07 거품기 대신 주걱으로 매끄러운 반죽이 될 때까지 잘 섞는다.

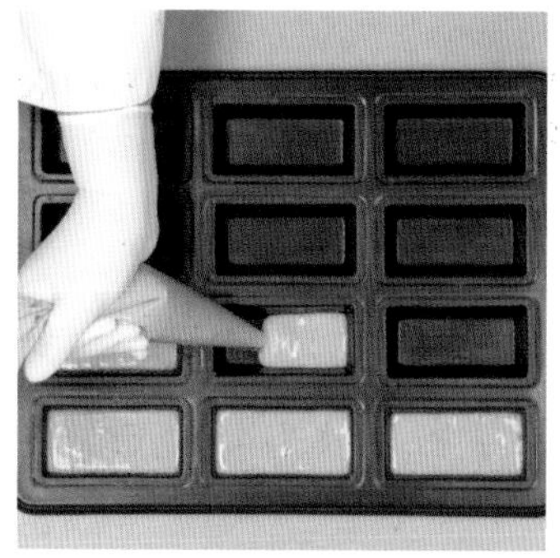

08 짤주머니에 반죽을 넣고 틀의 80~90% 정도만 채운 후 190℃로 예열한 오븐에 넣어 180℃에서 9~10분간 굽는다.

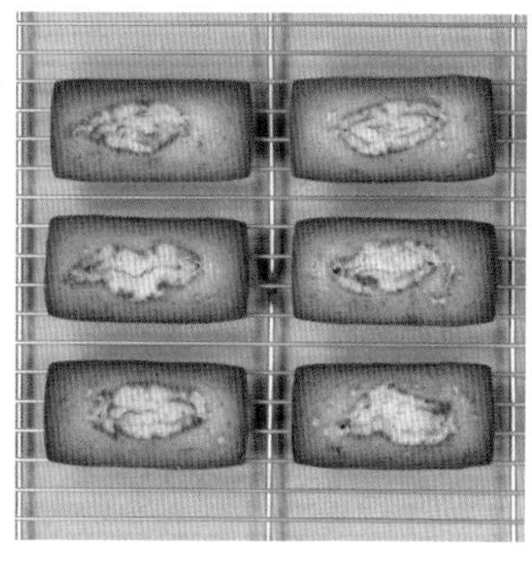

09 틀에서 꺼내 식힘망에 올린다.

10 충분히 식은 후 광택제를 바른다.

11 메이플 스포이드를 꽂는다.

12 파스티야주를 올린다.

Coconut Financier

코코넛 피낭시에

6개분 | 180℃에서 9~10분

누아젯 버터의 풍미와 코코넛의 이국적 향이 매우 잘 어울리는 피낭시에다. 코코넛을 반죽에도 넣고 완성된 피낭시에의 위에 올리는 장식용으로도 활용하여 풍미를 끌어올렸다.

재료	분량
달걀흰자	82g
꿀	15g
설탕	51g
아몬드가루 박력분 코코넛파우더 베이킹파우더	38g 29g 10g 0.5g
누아젯 버터*	66g

Deco	
화이트 코팅 초콜릿 / 코코넛파우더	적당량

* 164쪽 '베이직 레시피'를 참고해 만든다.

알아두기

재료	• 아몬드가루: 푸드림 프리미엄 넛츠 아몬드가루 사용 • 화이트 코팅 초콜릿: 카카오 바리 빠떼아글라세 이브와 Cacaobarry Pate A Glacer Ivoire 제품 사용
기타	• 재료는 실온 상태로 준비하고 오븐은 190℃로 예열한다. • 누아젯 버터는 50℃ 전후로 녹인다.

AR LANE

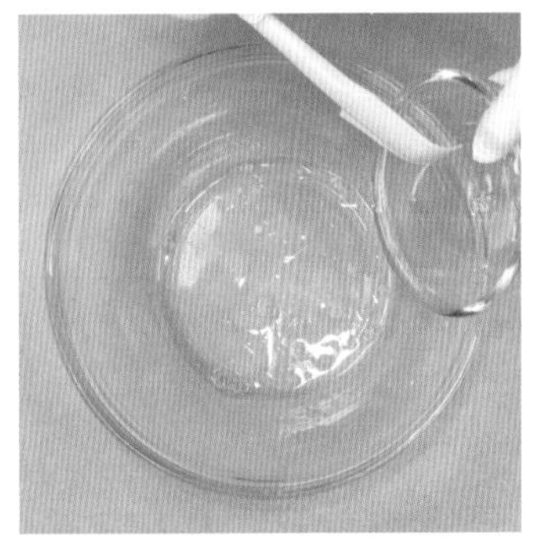

01 볼에 달걀흰자를 넣는다.

02 꿀과 설탕을 넣고 거품기로 섞는다. 사각사각 설탕 소리가 어느 정도 사라질 때까지 섞어 주되 거품을 내듯이 과하게 휘핑하지 않는다.

03 가루 재료(아몬드가루, 박력분, 코코넛파우더, 베이킹파우더)를 체에 쳐서 넣는다.

04 거품기로 볼 중앙에서 바깥으로 저어가며 밀가루가 보이지 않을 때까지 섞는다.

05 50℃ 전후로 녹인 누아젯 버터를 넣고 부드럽게 골고루 섞는다.

06 거품기 대신 주걱으로 매끄러운 반죽이 될 때까지 잘 섞는다.

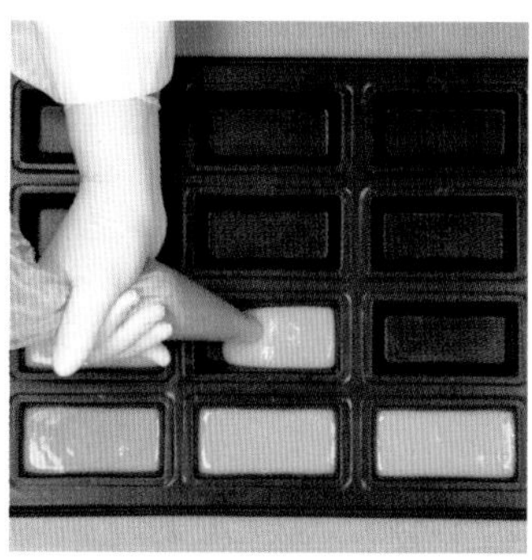

07 짤주머니에 반죽을 넣고 틀의 80~90% 정도만 채운 후 190℃로 예열한 오븐에 넣어 180℃에서 9~10분간 굽는다.

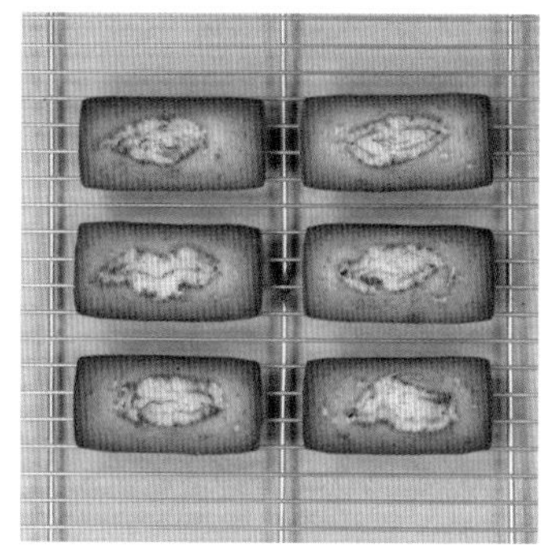

08 틀에서 꺼내 식힘망에 올린다.

09 화이트 코팅 초콜릿을 중탕으로 혹은 전자레인지에 넣어 완전히 녹인다. 35℃로 온도를 맞춘다. 피낭시에가 식으면 윗면에 초콜릿을 얇게 바른다.

※ 초콜릿이 접착제 역할을 한다.

10 화이트 코팅 초콜릿이 굳기 전에 코코넛파우더를 듬뿍 묻힌다.

Blueberry Financier

블루베리 피낭시에

6개분 | 180℃에서 9~10분

과일을 사용해 피낭시에에 상큼함을 더했다. 블루베리 대신 라즈베리를 넣어도 된다. 디저트 베이킹에 과일을 사용하면 특유의 향과 색감을 낼 수 있어서 좋다.

재료	분량
달걀흰자	82g
꿀	15g
설탕	52g
박력분 아몬드가루 베이킹파우더	33g 42g 0.5g
바닐라 익스트랙	소량
누아젯 버터*	67g
블루베리	적당량

Deco 1	
광택제	적당량

Deco 2	
블루베리 스포이드**	6개

* 164쪽 '베이직 레시피'를 참고해 만든다.

** 35쪽을 참고해 만든다.

알아두기

재료	• 아몬드가루: 푸드림 프리미엄넛츠 아몬드가루 제품 사용 • 블루베리: 생과, 냉동 모두 사용 가능 • 광택제: 압솔뤼 크리스탈 발로나Absolu Crystal Valrhona 제품 사용
기타	• 재료는 실온 상태로 준비하고 오븐은 190℃로 예열한다. • 누아젯 버터는 50℃ 전후로 녹인다.

01 볼에 달걀흰자, 꿀, 설탕을 넣고 섞는다. 사각사각 설탕 소리가 어느 정도 사라질 때까지 섞어 주되 거품을 내듯이 과하게 휘핑하지 않는다.

02 가루 재료(박력분, 아몬드가루, 베이킹파우더)를 체에 쳐서 넣는다.

03 거품기로 볼 중앙에서 바깥으로 저어가며 섞는다.

04 밀가루가 보이지 않을 때까지 섞은 후 바닐라 익스트랙을 넣는다.

05 50℃ 전후로 녹인 누아젯 버터를 넣고 부드럽게 섞는다.

06 거품기 대신 주걱으로 매끄러운 반죽이 될 때까지 잘 섞는다.

07 짤주머니에 반죽을 넣고 틀의 80~90% 정도만 채운다.

08 반죽 위에 블루베리를 올린 후 190℃로 예열한 오븐에 넣어 180℃에서 9~10분간 굽는다.

09 틀에서 꺼내 식힘망에 올린다.

10 충분히 식은 후 윗면에 광택제를 바른다.

11 블루베리 스포이드를 꽂는다.

Cream Cheese Fig Financier

크림치즈 무화과 피낭시에

6개분 | 180℃에서 9~10분

무화과는 모든 구움과자와 잘 어울리는 과일이다. 특히 톡톡 터지는 무화과 씨의 식감이 씹는 즐거움을 준다. 여기에 크림치즈를 추가하여 치즈의 부드러움과 고소한 풍미를 살렸다.

재료	분량
달걀흰자	82g
꿀	15g
설탕	52g
아몬드가루 박력분	42g 32g
바닐라 익스트랙	소량
누아젯 버터*	67g
크림치즈	적당량
반건조 무화과	적당량

Deco	
광택제	적당량

* 164쪽 '베이직 레시피'를 참고해 만든다.

알아두기

재료	• 아몬드가루: 푸드림 프리미엄넛츠 아몬드가루 제품 사용 • 광택제: 압솔뤼 크리스탈 발로나Absolu Crystal Valrhona 제품 사용
기타	• 재료는 실온 상태로 준비하고 오븐은 190℃로 예열한다. • 누아젯 버터는 50℃ 전후로 녹인다. • 크림치즈는 지름 0.5~1cm 크기의 공 모양으로 빚는다.

SUGAR LANE

01 반건조 무화과를 미지근한 물에 10분간 담가두었다가 꺼내 물기를 제거한 후 적당한 크기로 자른다.

02 볼에 달걀흰자, 꿀, 설탕을 넣고 섞는다. 사각사각 설탕 소리가 어느 정도 사라질 때까지 섞어 주되 거품을 내듯이 과하게 휘핑하지 않는다.

03 가루 재료(아몬드가루, 박력분)를 체에 쳐서 넣는다.

04 거품기로 볼 중앙에서 바깥으로 저어가며 가볍게 섞는다.

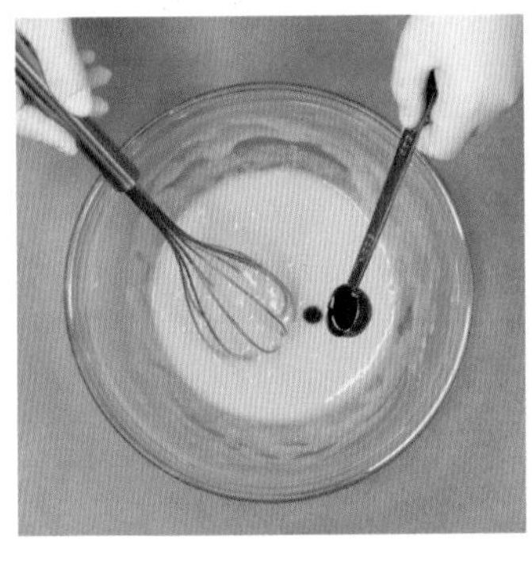

05 밀가루가 보이지 않고 매끄러워질 때까지 섞은 후 바닐라 익스트랙을 넣는다.

06 50℃ 전후로 녹인 누아젯 버터를 넣고 부드럽게 섞는다.

07 거품기 대신 주걱으로 매끄러운 반죽이 될 때까지 잘 섞는다.

08 짤주머니에 반죽을 넣고 틀의 80~90% 정도만 채운다.

09 동그랗게 빚은 크림치즈와 잘라 둔 무화과를 반죽 위에 교차하여 올린다. 190℃로 예열한 오븐에 넣어 180℃에서 9~10분간 굽는다.

10 틀에서 꺼내 식힘망에 올린다.

11 충분히 식은 후 윗면에 광택제를 바른다.

Mugwort Red Bean Paste & Butter Financier

쑥 앙버터 피낭시에

6개분 | 180℃에서 9~10분

쑥과 앙버터를 사용하여 한국인 입맛에 딱 맞는 피낭시에가 탄생하였다. 쑥을 디저트에 활용하는 것이 생소할 수 있지만, 최근 들어 우리나라에서 쑥을 활용한 디저트가 급속도로 퍼지고 있기에 트렌드에 매우 부합한 제품이다.

재료	분량
달걀흰자	82g
꿀	15g
설탕	51g
아몬드가루 박력분 쑥가루 베이킹파우더	38g 29g 8g 0.5g
누아젯 버터*	66g
앙버터**	6개(8cm×2.5cm×7mm 크기)

* 164쪽 '베이직 레시피'를 참고해 만든다.

** 37쪽을 참고해 만든다.

알아두기

재료	• 아몬드가루: 푸드림 프리미엄넛츠 아몬드가루 제품 사용 • 쑥가루: 방앗간 청년 제품 사용
기타	• 재료는 실온 상태로 준비하고 오븐은 190℃로 예열한다. • 누아젯 버터는 50℃ 전후로 녹인다.

SUGAR
LANE
BAKING

01 볼에 달걀흰자, 꿀, 설탕을 넣고 섞는다. 사각사각 설탕 소리가 어느 정도 사라질 때까지 섞어 주되 거품을 내듯이 과하게 휘핑하지 않는다.

02 가루 재료(아몬드가루, 박력분, 쑥가루, 베이킹파우더)를 체에 쳐서 넣는다.

03 거품기로 볼 중앙에서 바깥으로 저어가며 가볍게 섞는다.

04 밀가루가 보이지 않고 매끄러워질 때까지 섞은 후 50℃ 전후로 녹인 누아젯 버터를 넣고 부드럽게 섞는다.

05 거품기 대신 주걱으로 매끄러운 반죽이 될 때까지 잘 섞는다.

06 짤주머니에 반죽을 넣고 틀의 90% 정도만 채운다. 190℃로 예열한 오븐에 넣어 180℃에서 9~10분간 굽는다.

07 틀에서 꺼내 식힘망에 올린다.

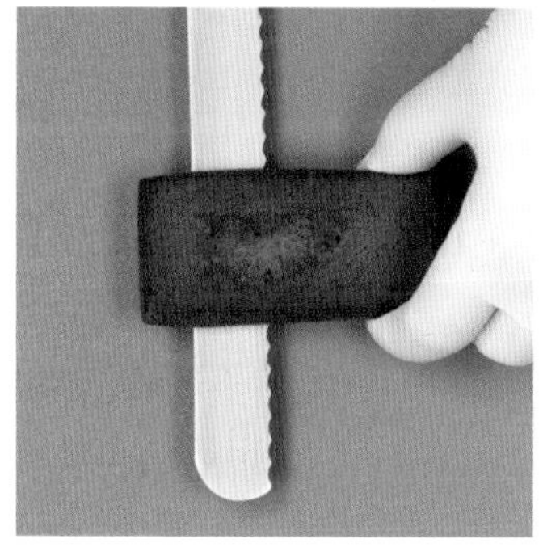

08 충분히 식으면 빵칼로 길게 2등분 한다.

※ 각봉을 사용하면 일정한 두께로 썰 수 있다.

09 반으로 나눈 피낭시에 사이에 앙버터를 넣는다.

CANNELÉ
SUGAR
LANE
BAKING

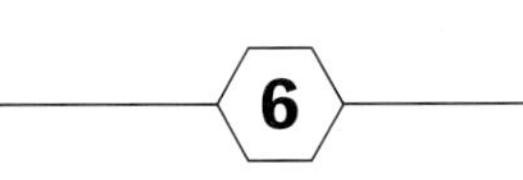

CANNELÉ

까눌레

까눌레는 프랑스 보르도 지방에서 온 과자로 우리나라에서는 다른 구움과자보다 한 단계 고급스러운 품목으로 자리 잡았다. 겉바속촉(겉은 바삭, 속은 촉촉) 식감과 럼 향이 두드러지는 것이 특징이다.

까눌레 반죽은 제과 중에서는 쉬운 편에 속하지만, 굽기가 까다로워서 많은 초보자와 카페에서 선뜻 만들지 못한다. 왜냐하면 전통적인 방법은 값비싼 동 틀에 밀랍하는 것인데 생산 효율이 떨어지며 난도가 높다. 그래서 슈가레인에서는 테프론 코팅 틀에 버터를 칠해 활용한다. 전통적인 방법과 최종 결과물에 큰 차이가 없으며 생산 효율은 몇 배 더 높다.

알려두기

- 까눌레의 다양한 맛을 표현하는 방법은 반죽할 때 가미하는 방법과 플레인으로 만든 후 토핑을 달리하는 방법이 있다. 완성도에 큰 차이가 있어 수고스럽더라도 반죽에 맛을 가미하는 방법을 선택했다.
- 틀은 '쉐프메이드'의 '까눌레틀 12구'를 사용했다. ※ 1구 깊이 5.1cm
- 까눌레 틀 안쪽에 실온 상태의 버터를 고르게 바른다.
  ※ 틀 관리법 : 69쪽 참고
- 반죽은 반드시 냉장실에 넣어 24시간 숙성 후 굽는다. 반죽을 안정화시켜서 구웠을 때 지나치게 부풀어 오르는 것을 방지하기 위함이다.
- 틀에 반죽을 붓기 전에 반드시 반죽을 잘 섞어서 부어야 구워진 까눌레 내부에 빈 공간이 생기지 않는다.

보관하기

- 반죽 : 냉장 보관 2일
- 완성한 까눌레 : 당일 섭취 권장(※ 구운 후 1~5시간 사이에 겉바속촉 식감이 유지되어 가장 맛있다. 시간이 지나면서 급격히 눅눅해진다.), 냉동 보관 2주(※완만 해동 후 170℃에서 5~10분간 겉수분이 날아가도록 굽는다.)

Classic Vanilla Cannelé

클래식 바닐라 까눌레

12개분 | 200℃에서 9분 → 180℃에서 50분

천연 바닐라를 듬뿍 넣어 향이 진하게 우러난 바닐라 까눌레는 가장 클래식하며 반드시 갖추어야 할 기본 품목이다. 럼 향이 잘 느껴지며 호불호가 적어 가장 많이 찾는 맛이기 때문이다.

재료	분량
바닐라빈	1/2개
우유	513g
달걀노른자 달걀 소금	40g 65g 1g
설탕	250g
버터	49g
중력분	122g
럼	27g

Deco 1	
파스티아주*	12개

Deco 2	
메이플 스포이드**	12개

* 34쪽을 참고해 만든다.
** 스포이드 사용법은 35쪽을 참고한다.

알아두기

재료	• 럼: 쉐프루이스Chef Louis 럼 파티셰 제품 사용
기타	• 모든 재료는 실온 상태로 준비하고 오븐은 200℃로 예열한다.

01 바닐라빈에서 씨를 긁어낸다.

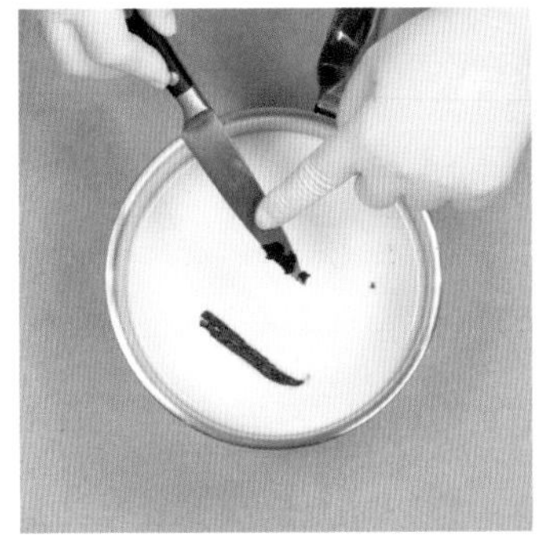

02 냄비에 우유, 바닐라빈 씨와 껍질을 모두 넣고 냄비 가장 자리에 기포가 생길 때까지 가열한다. 불을 끄고 뚜껑을 닫은 후 10분간 우린다.

03 ②의 바닐라 우유가 식을 동안 다른 볼에 달걀노른자, 달걀, 소금, 설탕 1/2 분량을 넣은 후 잘 섞는다.

※ 달걀노른자에 설탕을 넣고 바로 저어야 설탕이 뭉치지 않는다.

04 바닐라빈을 충분히 우린 후 체에 거른다. 다시 계량하여 총량을 513g으로 맞춘다.

※ 끓이는 과정에서 손실되어 총량이 줄어들 수 있으므로 이 과정에서 우유를 보충한다.

05 ④에 남은 설탕과 버터를 넣고 60℃로 가열한 후 식힌다. 이때 버터와 설탕이 완전히 녹아야 한다.

06 온도가 50℃ 이하로 낮아지면 ③에 붓는다.

07 중력분을 체에 쳐서 넣고 잘 섞는다.

08 핸드블렌더로 반죽이 섞일 때까지만 살짝 간 후 럼을 넣고 섞는다.

※ 핸드블렌더가 반죽에 충분히 잠겨야 거품이 적게 생기며 오래 갈면 기포가 많이 생겨 구울 때 과하게 부풀 수 있으니 살짝 간다.

09 반죽을 체에 거른다.

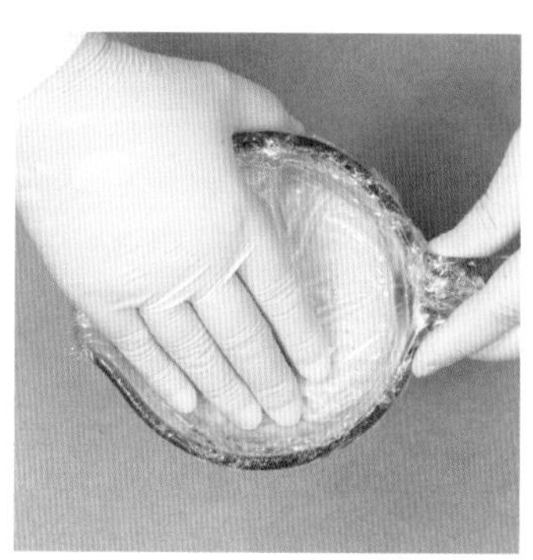

10 반죽을 밀착 래핑하여 냉장실에 넣어 24시간 휴지시킨다.

11 반죽을 냉장실에서 꺼내 실온에 30분간 둔다. 반죽을 주걱으로 조심스럽게 잘 섞은 후 미리 버터를 발라 둔 틀에 80g씩 채운다.

12 200℃로 예열한 오븐에 넣어 200℃로 9분→180℃로 50분간 구운 후 오븐에서 꺼낸다. 틀에서 바로 빼내 식힘망에 올려 식힌 후 파스티야주와 메이플 스포이드로 장식한다.

Earl Grey Cannelé

얼그레이 까눌레

12개분 | 200℃에서 9분 → 180℃에서 50분

까눌레 반죽에 여러 종류의 차향을 입혀서 새로운 맛의 까눌레를 만들 수 있다. 그중에 얼그레이 티는 럼 향과 잘 어우러져 깊고 고급스러운 맛을 표현할 수 있어 매력적이다.

재료	분량
우유	513g
얼그레이 티	6g
달걀노른자	40g
달걀	68g
바닐라 익스트랙	소량
소금	1g
설탕	250g
버터	49g
중력분	120g
럼	27g

Deco 1	
화이트/다크 코팅 초콜릿	적당량

Deco 2	
수레국화 꽃차	적당량

알아두기

재료	• 럼: 쉐프루이스Chef Louis 럼 파티셰 제품 사용 • 얼그레이 티: 아크바Akbar 티백 제품 사용 • 화이트 코팅 초콜릿: 카카오 바리 빠떼아글라세 이브와 Cacaobarry Pate A Glacer Ivoire 제품 사용 • 다크 코팅 초콜릿: 카카오바리 빠떼아글라세 브룬Cacaobarry Pate A Glacer Brune 제품 사용
기타	• 모든 재료는 실온 상태로 준비하고 오븐은 200℃로 예열한다.

SUGAR LANE
SIX

01 냄비에 우유, 얼그레이 티를 넣고 80~90℃로 가열한다. 뚜껑을 닫은 후 5~10분간 우린다.

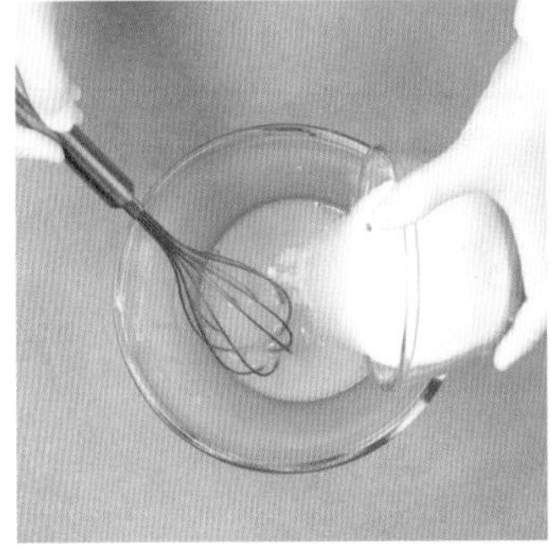

02 다른 볼에 달걀노른자, 달걀, 바닐라 익스트랙, 소금, 설탕 1/2 분량을 넣은 후 바로 잘 섞는다.

※ 달걀노른자에 설탕을 넣고 곧바로 저어야 설탕이 뭉치지 않는다.

03 얼그레이 티를 충분히 우린 후 체에 거른다. 다시 계량하여 총량을 513g으로 맞춘다.

※ 얼그레이 티가 우유를 흡수하여 우유 총량이 줄어들기 때문에 이 과정에서 우유를 보충한다.

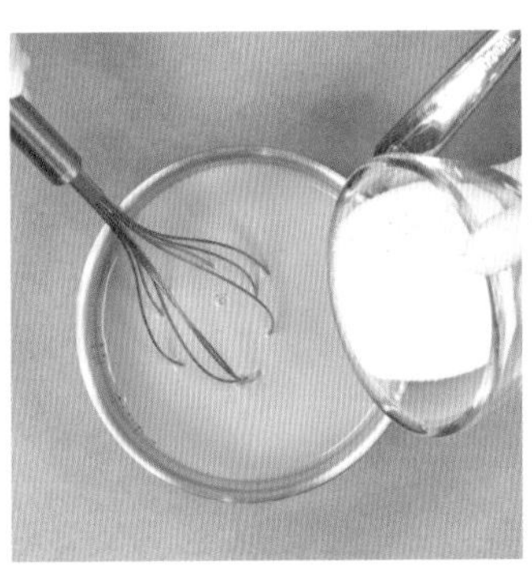

04 ③에 남은 설탕을 넣는다.

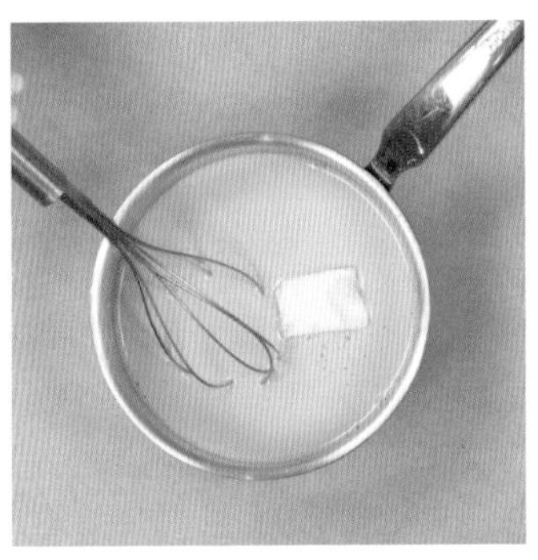

05 버터를 넣고 60℃로 가열한 후 식힌다. 이때 버터와 설탕이 완전히 녹아야 한다.

06 온도가 50℃ 이하로 낮아지면 ②에 붓는다.

07 중력분을 체에 쳐서 넣고 잘 섞는다.

08 핸드블렌더로 반죽이 섞일 때까지만 살짝 간다.

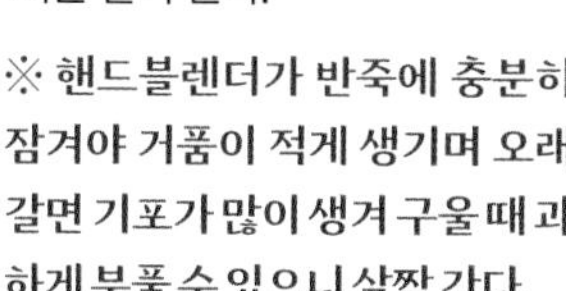

※ 핸드블렌더가 반죽에 충분히 잠겨야 거품이 적게 생기며 오래 갈면 기포가 많이 생겨 구울 때 과하게 부풀 수 있으니 살짝 간다.

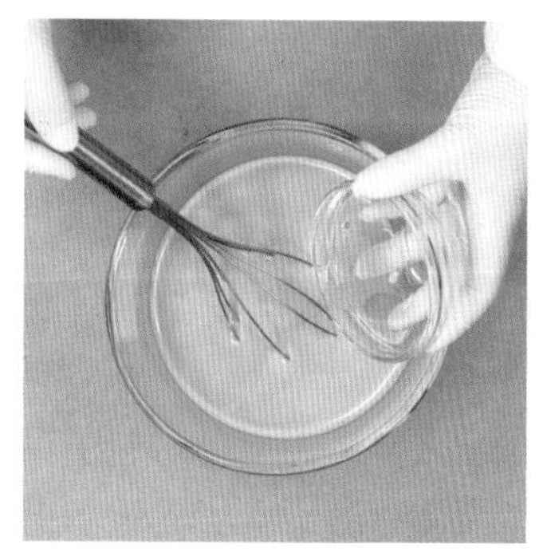

09 반죽에 럼을 넣고 잘 섞는다.

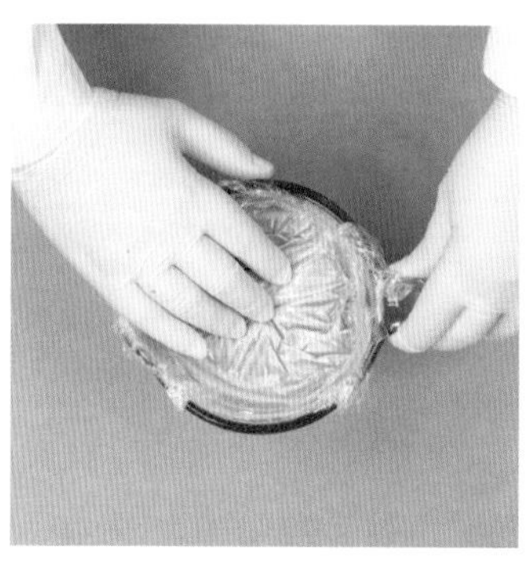

10 반죽을 체에 거른 후 밀착 래핑하여 냉장실에 넣어 24시간 휴지시킨다.

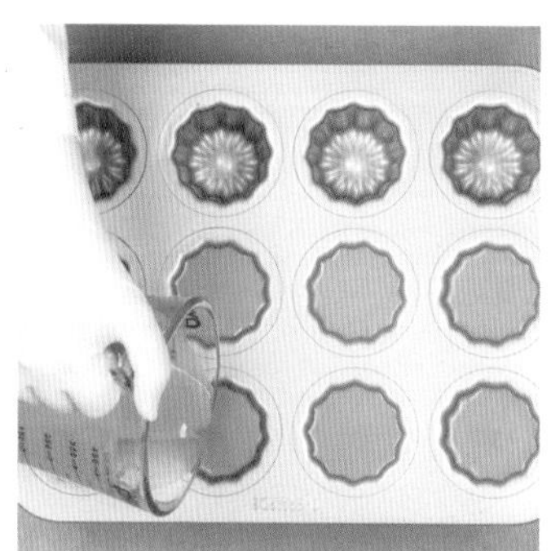

11 반죽을 냉장실에서 꺼내 실온에 30분간 둔다. 반죽을 주걱으로 살살 잘 섞은 후 미리 버터를 발라 둔 틀에 80g씩 채운다. 200℃로 예열한 오븐에 넣어 200℃에서 9분→180℃에서 50분간 굽는다.

12 틀에서 바로 빼내 식힘망에 올려 식힌다. 화이트, 다크 코팅 초콜릿을 원하는 비율로 섞어 중탕 혹은 전자레인지로 완전히 녹인다. 다 식은 까눌레 윗면에 디핑한 후 수레국화 꽃차를 올린다.

Green Matcha Cannelé

그린 말차 까눌레

12개분 | 200℃에서 9분 → 180℃에서 50분

말차 까눌레는 동양적 재료와 까눌레를 접목한 것으로 소비자가 가장 친근하게 여기는 맛이다. 럼 향은 말차의 쌉싸름한 맛과 부딪치지 않고 잘 어우러져 부드러운 쌉싸름한 맛으로 재탄생하게 만드는 역할을 한다.

재료	분량
우유	513g
설탕	250g
버터	49g
달걀노른자 달걀 바닐라 익스트랙 소금	40g 68g 소량 1g
중력분 말차가루	120g 12g
럼	27g

Deco 1	
데코 화이트 / 말차가루	적당량

Deco 2	
샤이니 레드 구슬(대)	12개(개당 1개씩)

알아두기

재료	• 말차가루: 유기농 보성 선운 말차가루 제품 사용 • 럼: 쉐프루이스Chef Louis 럼 파티셰 제품 사용 • 데코 화이트: 선인 제품 사용
기타	• 모든 재료는 실온 상태로 준비한다. 오븐은 200℃로 예열한다.

UGAR LANE

01 냄비에 우유, 설탕 1/2 분량, 버터를 넣고 60℃로 가열한다. 이때 버터와 설탕이 완전히 녹아야 한다.

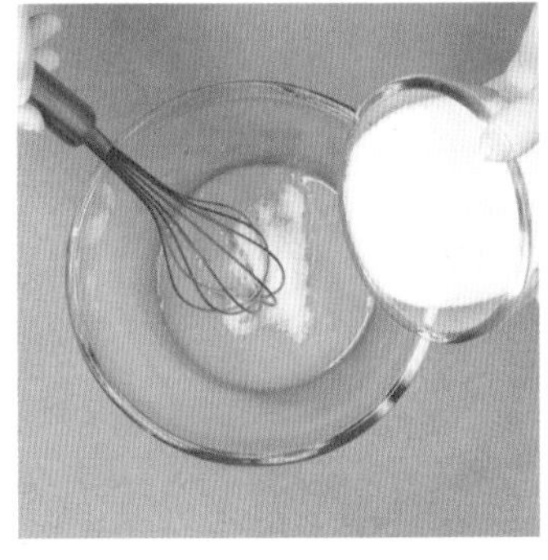

02 다른 볼에 달걀노른자와 달걀, 바닐라 익스트랙, 소금, 남은 설탕을 넣은 후 바로 섞는다.

※ 달걀노른자에 설탕을 넣고 곧바로 저어야 설탕이 뭉치지 않는다.

03 ①의 온도가 50℃ 이하로 낮아지면 ②에 붓는다.

04 가루 재료(중력분, 말차가루)를 체에 쳐서 넣는다.

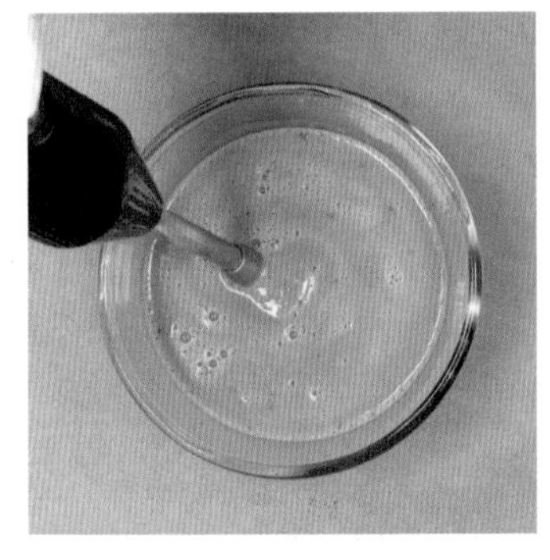

05 핸드블렌더로 반죽이 섞일 때까지만 살짝 간다.

※ 핸드블렌더가 반죽에 충분히 잠겨야 거품이 적게 생기며 오래 갈면 기포가 많이 생겨 구울 때 과하게 부풀 수 있으니 살짝 간다.

06 럼을 넣고 가볍게 섞는다.

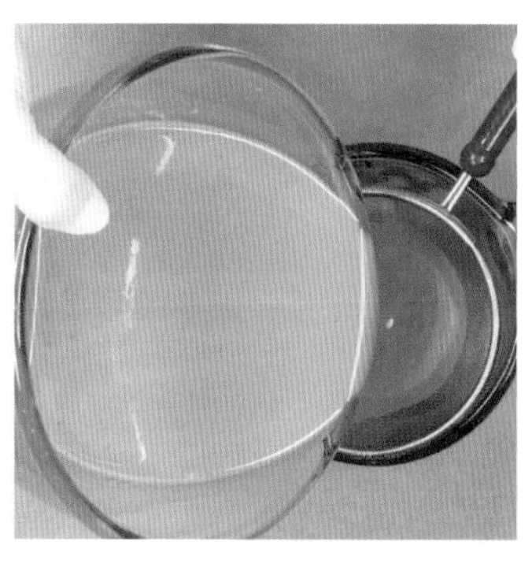

07 반죽을 체에 거른다.

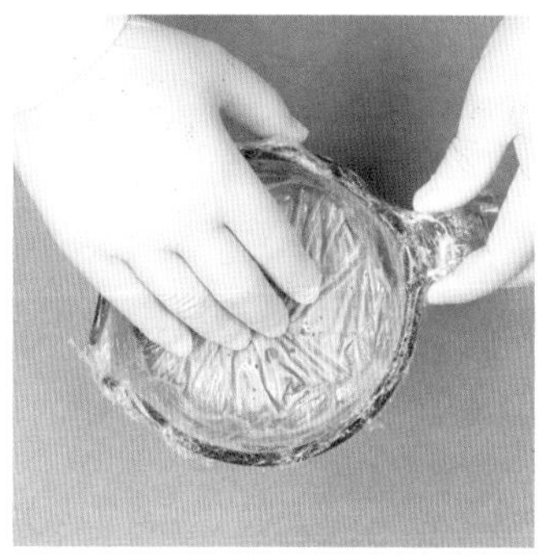

08 반죽을 밀착 래핑하여 냉장실에 넣어 24시간 휴지시킨다.

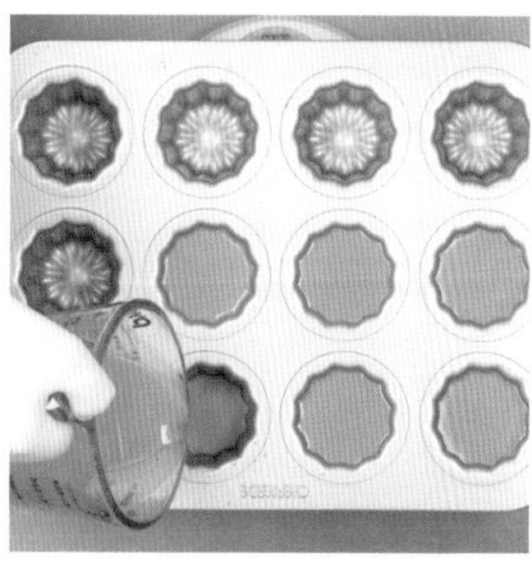

09 반죽을 냉장실에서 꺼내 실온에 30분간 둔다. 반죽을 주걱으로 조심스럽게 잘 섞은 후 미리 버터를 발라 둔 틀에 80g씩 채운다.

10 200℃로 예열한 오븐에 넣어 200℃로 9분→180℃로 50분간 구운 후 오븐에서 꺼낸다. 틀에서 바로 빼내 식힘망에 올려 식힌다. 까눌레 위에 데코 화이트, 말차가루, 레드 구슬 순으로 올린다.

Mugwort Cannelé

쑥 까눌레

12개분 | 200℃에서 9분 → 180℃에서 50분

쑥은 특히 떡 재료로 많이 쓰인다. 이런 쑥을 까눌레와 접목한 쑥 까눌레 레시피를 소개한다. 의외로 까눌레와 은은한 쑥향이 잘 어울려 전통 간식을 좋아하는 젊은 층에 인기가 많다.

재료	분량
우유	513g
설탕	250g
버터	49g
달걀노른자 달걀 바닐라 익스트렉 소금	40g 68g 소량 1g
쑥가루	10g
중력분	105g
럼	27g

Deco 1	
쑥가루	적당량

Deco 2	
캐러멜라이즈드 너트*	12개

Deco 3	
파스티야주**	12개

* 31쪽을 참고해 만든다.

** 34쪽을 참고한다.

알아두기

재료	• 쑥가루: 방앗간 청년 쑥가루 제품 사용 • 럼: 쉐프루이스Chef Louis 럼 파티셰 제품 사용
기타	• 오븐은 200℃로 예열한다. • 모든 재료는 실온 상태로 준비한다.

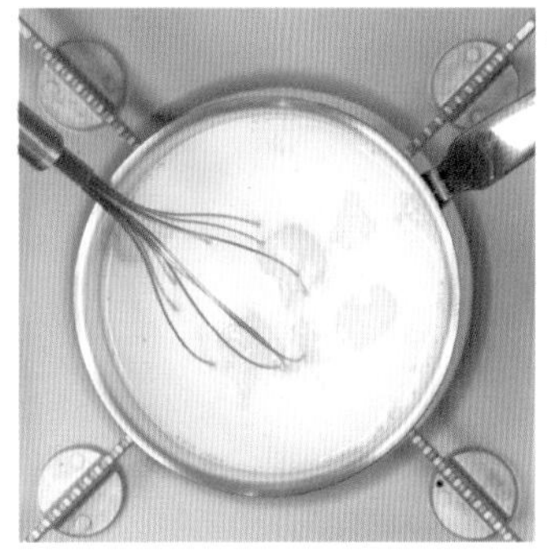

01 냄비에 우유, 설탕 1/2 분량, 버터를 넣은 후 60℃로 가열한다. 이때 버터와 설탕이 완전히 녹아야 한다.

02 다른 볼에 달걀노른자와 달걀, 바닐라 익스트랙, 소금, 남은 설탕을 넣고 바로 섞는다.

※ 달걀노른자에 설탕을 넣고 곧바로 저어야 설탕이 뭉치지 않는다.

03 쑥가루를 체에 쳐서 넣은 후 잘 섞는다.

※ 쑥가루는 잘 뭉치기 때문에 미리 섞어 둔다.

04 ①의 온도가 50℃ 이하로 떨어지면 ③에 붓는다.

05 중력분을 체에 쳐서 넣는다.

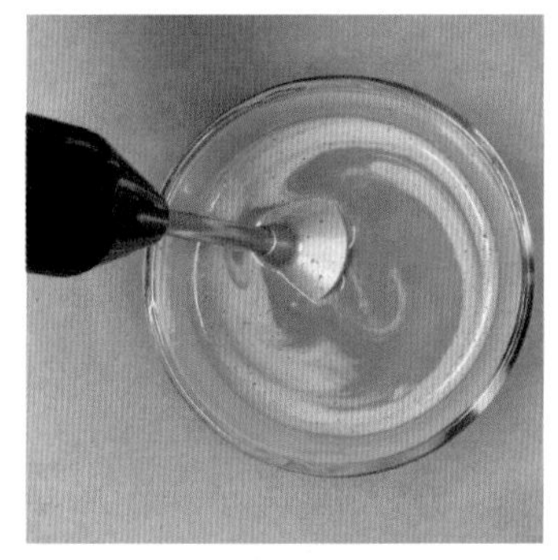

06 핸드블렌더로 반죽이 섞일 때까지만 살짝 간다.

※ 핸드블렌더가 반죽에 충분히 잠겨야 거품을 최소화할 수 있다. 또한 너무 오래 갈면 기포가 많이 생겨 구울 때 반죽이 과하게 부풀 수 있으니 살짝만 간다.

07 럼을 붓고 가볍게 섞는다.

08 반죽을 체에 거른다.

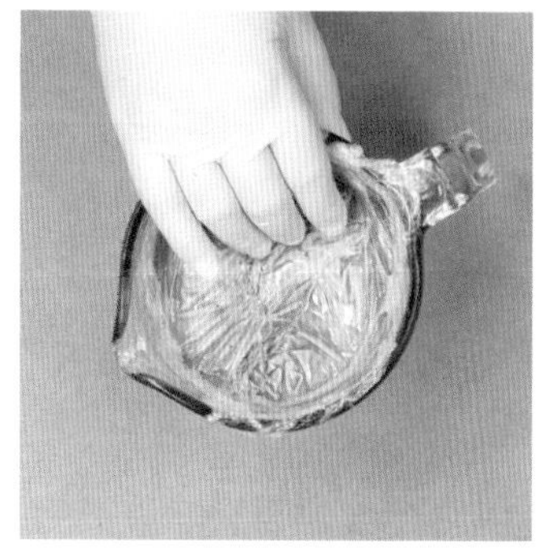

09 반죽을 밀착 래핑하여 냉장실에 넣어 24시간 휴지시킨다.

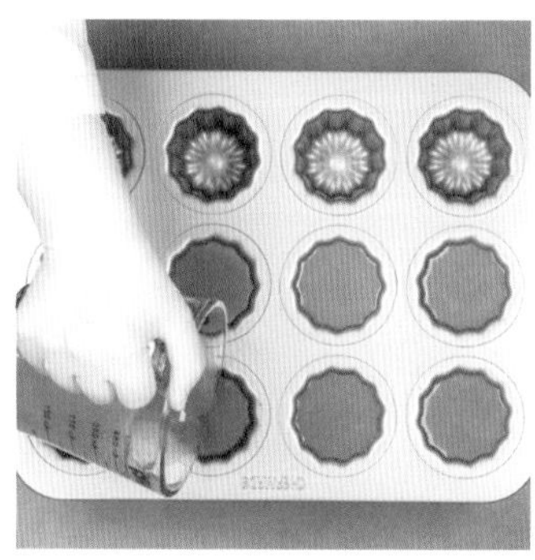

10 반죽을 냉장실에서 꺼내 실온에 30분간 둔다. 반죽을 주걱으로 조심스럽게 잘 섞은 후 미리 버터를 발라 둔 틀에 80g씩 채운다.

11 200℃로 예열한 오븐에 넣어 200℃로 9분→180℃로 50분간 구운 후 오븐에서 꺼낸다. 틀에서 바로 빼내 식힘망에 올려 식힌다. 쑥가루, 캐러멜라이즈드 너트, 파스티야주 순으로 올린다.

Black Sesame Cannelé

흑임자 까눌레

12개분 | 200℃에서 9분 → 180℃에서 50분

쑥과 더불어 우리나라 전통 디저트인 떡의 재료로 많이 쓰이는 흑임자를 까눌레와 접목시킨 제품이다. 의외로 까눌레와 흑임자의 깊은 고소함이 잘 어우러져 맛이 조화롭다. 디저트의 주 고객인 젊은층에게도 거부감 없이 다가갈 수 있을 만큼 흑임자는 까눌레와 잘 어울리는 재료다.

재료	분량
우유	508g
설탕	250g
버터	45g
달걀노른자	40g
달걀	68g
바닐라 익스트렉	소량
소금	1g
흑임자 페이스트	20g
중력분	110g
럼	27g

Deco 1	
화이트 코팅 초콜릿	적당량

Deco 2	
흑임자	적당량

알아두기

재료	• 흑임자 페이스트: 선인 흑임자 페이스트 제품 사용 • 럼: 쉐프루이스Chef Louis 럼 파티셰 제품 사용
기타	• 오븐은 200℃로 예열한다. • 모든 재료는 실온 상태로 준비한다.

SUGAR
LANE
BAKING

01 냄비에 우유, 설탕 1/2 분량, 버터를 넣은 후 60℃로 가열한다. 이때 버터와 설탕이 완전히 녹아야 한다.

02 다른 볼에 달걀노른자와 달걀, 바닐라 익스트랙, 소금, 남은 설탕을 넣고 바로 섞는다.

※ 달걀노른자에 설탕을 넣고 곧바로 저어야 설탕이 뭉치지 않는다.

03 흑임자 페이스트를 넣고 잘 섞는다.

04 ①의 온도가 50℃ 이하로 떨어지면 ③에 붓는다.

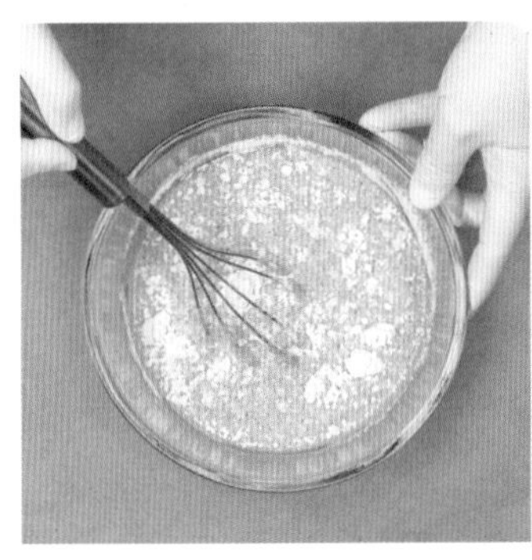

05 중력분을 체에 쳐서 넣고 거품기로 잘 섞는다.

06 핸드블렌더로 반죽이 섞일 때까지만 살짝 간다.

※ 핸드블렌더가 반죽에 충분히 잠겨야 거품이 적게 생기며 오래 갈면 기포가 많이 생겨 구울 때 과하게 부풀 수 있으니 살짝 간다.

07 럼을 붓고 가볍게 섞는다.

08 반죽을 체에 거른다.

09 반죽을 밀착 래핑하여 냉장실에 넣어 24시간 휴지시킨다.

10 반죽을 냉장실에서 꺼내 실온에 30분간 둔다. 반죽을 주걱으로 조심스럽게 잘 섞는다. 흑임자 까눌레 반죽은 휴지하면서 층이 많이 분리되므로 반드시 잘 섞어준다.

11 미리 버터를 발라 둔 틀에 반죽을 80g씩 채운다. 200℃로 예열한 오븐에 넣어 200℃로 9분→180℃로 50분간 굽는다.

12 오븐에서 꺼낸 후 틀에서 바로 빼내 식힘망에 올려 식힌다. 데코용 화이트 코팅 초콜릿을 중탕으로 혹은 전자레인지에 넣어 완전히 녹인 후 까눌레 윗면의 오목한 곳에 채운다. 흑임자를 뿌린다.

SUGAR

CHEESE CAKE

7

CHEESE CAKE

치즈케이크

치즈케이크는 치즈를 주재료로 해 치즈의 진한 풍미와 크리미한 부드러움이 매력적인 디저트다. 카페에서 꾸준한 인기를 누리는 스테디셀러다.

치즈의 종류, 만드는 방법에 따라 치즈 고유한 감칠맛의 깊이가 다른 다양한 종류의 치즈케이크를 만들 수 있다. 우리나라에서는 주로 뉴욕 치즈케이크, 바스크 치즈케이크, 레어 치즈케이크가 인기 메뉴다.

일러두기

- 모든 재료는 23~25℃로 준비한다.
- 크림치즈는 잘 풀어서 사용한다.
- 크림치즈는 크게 블록형과 스프레드형이 있다. 주성분에 차이가 있어서 수분 함량과 맛이 다르다. 치즈케이크는 수분이 적고 치즈 향이 진한 블록형을 사용해야 품질이 좋다.
- 뉴욕 치즈케이크와 클래식 바스크 치즈케이크는 오븐에서 구운 후 조심스럽게 팬을 살짝 흔들어보았을 때 가운데 5~6cm 정도가 흔들리면 다 익은 것이다.

보관하기

- 반죽 : 보관 불가
- 완성한 치즈케이크 : 냉장 보관 3일, 냉동 보관 2주(※ 완만 해동하여 섭취)

New York Cheesecake

뉴욕 치즈케이크

15cm 1호 팬(분리형) 1개분 | 중탕 굽기 160℃에서 40~50분

치즈케이크 중에서도 인기가 많은 뉴욕 치즈케이크는 크림치즈 특유의 산미와 진한 풍미가 매력적인 디저트다. 사워크림이 들어가는 것이 특징이며 중탕으로 굽기 때문에 벨벳처럼 매끄러운 식감을 느낄 수 있다.

재료		분량
비스킷 베이스	다이제스티브(비스킷)	약 80g
	버터	35g
치즈 필링	크림치즈	300g
	바닐라 익스트랙	소량
	설탕	90g
	달걀	60g
	생크림	60g
	박력분	10g
	사워크림	80g

Deco 1	
체리 파이 필링	적당량

Deco 2	
데코 화이트	적당량

알아두기

재료

- 크림치즈: 끼리Kiri 크림치즈 블록형 제품 사용
- 체리 파이 필링: 미시간 메이드Michigan Made 제품 사용
- 데코 화이트: 선인 제품 사용

기타

- 재료는 23~25℃로 준비하고 오븐은 160℃로 예열한다.
- 팬 안쪽에 유산지를 두르고 바깥쪽은 알루미늄 호일로 감싸 둔다.
- 버터는 45~50℃로 녹인다.

01 볼에 다이제스티브를 넣어 부순 후 녹인 버터를 넣고 잘 섞는다.

02 15cm 1호 팬에 ①을 펼쳐 넣고 컵으로 평평하게 다진다. 175℃로 예열한 오븐에 넣어 175℃에서 12~15분간 굽는다.

03 볼에 크림치즈, 바닐라 익스트랙을 넣어 잘 풀어준 후 설탕을 넣어 섞는다.

04 달걀을 두 번에 나누어 넣어가며 잘 섞는다.

05 생크림을 두 번에 나누어 넣어가며 잘 섞는다.

06 다른 볼에 박력분을 체에 쳐서 넣는다. 그 위에 반죽 일부분을 넣어 잘 섞은 후 남은 반죽을 넣고 같이 잘 섞는다.

07 사워크림을 넣고 잘 섞는다.

08 반죽을 체에 거른다.

09 ②의 팬에 반죽을 붓는다. 주걱으로 반죽의 표면을 평평하게 편다.

10 중탕 팬에 행주를 깐다. 팬에 뜨거운 중탕 물을 붓고 160℃로 예열한 오븐에 넣어 160℃에서 40~50분간 굽는다.

11 오븐에서 꺼내 완전히 식힌 후 냉장실에 넣어 4시간 이상 굳힌다. 컵 위에 올려 틀에서 뺀다.

12 틀에서 빼낸 후 유산지를 떼고 장식한다.

※ 데코레이션: 조각 케이크 위에 체리 파이 필링을 올린 후 데코 화이트를 뿌린다.

Basque Cheesecake
클래식 바스크 치즈케이크

15cm 1호 팬 1개분 | 220℃에서 20~24분

바스크 치즈케이크는 고온으로 캐러멜화한 겉과 부드럽고 촉촉한 속의 조합이 환상적인 치즈케이크다. 또한 뉴욕 치즈 케이크에 비해 공정이 적고 굽는 시간도 짧아 꼭 만들어보기를 추천한다.

재료	분량
크림치즈	320g
설탕	85g
바닐라 익스트랙	소량
달걀	110g
생크림	190g
박력분	10g

Deco 1	
광택제	적당량

Deco 2	
휘핑한 생크림*	적당량

* 235쪽을 참고해 만든다.

알아두기

재료	• 크림치즈: 끼리Kiri 크림치즈 블록형 제품 사용 • 광택제: 압솔뤼 크리스탈 발로나Absolu Crystal Valrhona 제품 사용 • 생크림: 동물성 생크림 사용
기타	• 재료는 23~25℃로 준비하고 오븐은 220℃로 예열한다. • 크림치즈는 잘 풀어 사용한다.

SUGAR
LANE

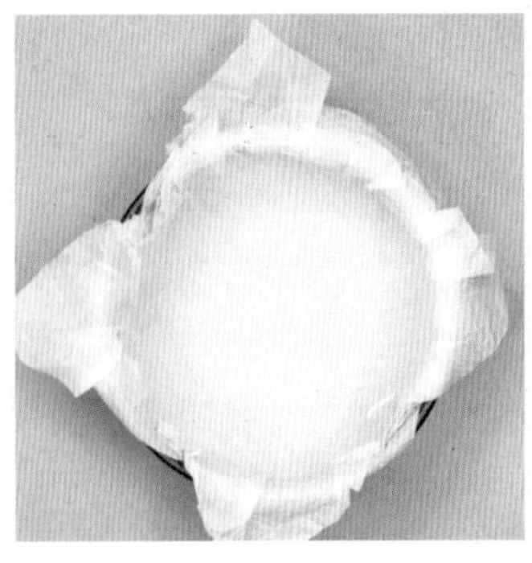

01 15cm 1호 팬에 종이 호일을 구겨 넣어 2겹을 깔아준다.

02 볼에 온도를 맞춘 크림치즈를 넣고 덩어리가 없을 때까지 가볍게 푼다.

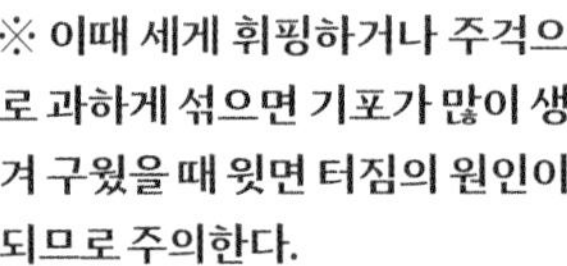

※ 이때 세게 휘핑하거나 주걱으로 과하게 섞으면 기포가 많이 생겨 구웠을 때 윗면 터짐의 원인이 되므로 주의한다.

03 설탕, 바닐라 익스트랙을 넣고 조심스럽게 살살 섞는다.

04 온도를 맞춘 달걀을 세 번에 나누어 넣어가며 섞는다.

05 다른 볼에 온도를 맞춘 생크림과 박력분을 넣어 섞는다.

06 ⑤를 ④에 넣고 섞는다.

07 반죽을 체에 거른다.

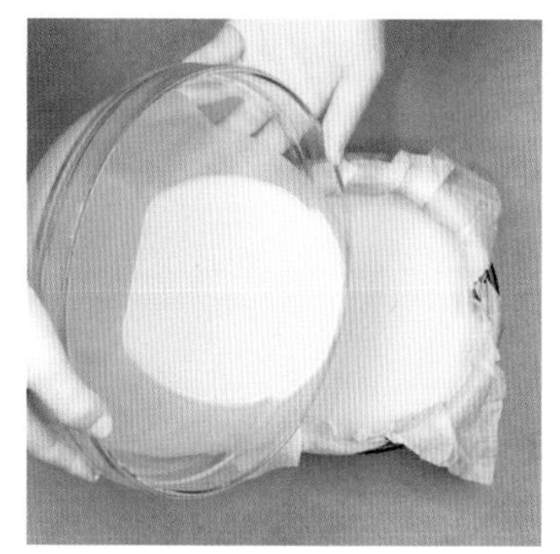

08 반죽을 종이 호일을 깔아둔 팬에 붓는다. 틀을 살짝 들었다가 놓아가며 충격을 주어 기포를 뺀다. 220℃로 예열한 오븐에 넣어 220℃에서 20~24분간 굽는다.

09 오븐에서 꺼내 그대로 실온에서 식힌다. 1시간 정도 식힌 후 조심스럽게 냉장실에 넣어 24시간 동안 숙성시킨다.

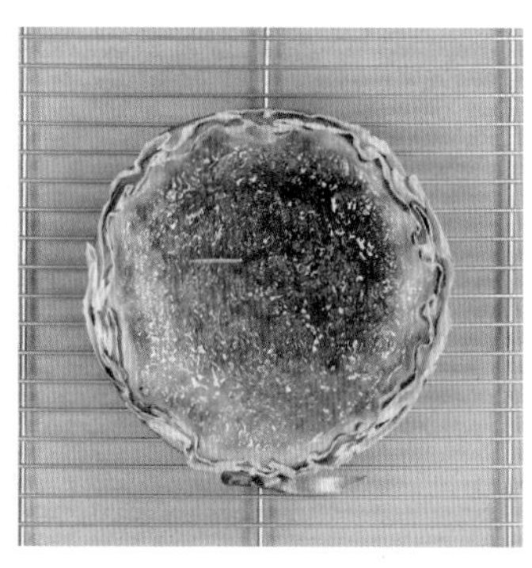

10 숙성시킨 바스크 치즈케이크의 종이 호일을 다듬은 후 윗면에 광택제를 바른다.

※ 데코레이션: 조각 케이크 위에 휘핑한 생크림을 올린다.

Rare Cheesecake

레어 치즈케이크

무스링 15cm 1개분

레어 치즈케이크는 열을 가하지 않고 젤라틴으로 굳혀서 만드는 것이라 오븐이 필요 없는 노오븐 베이킹이다. 달걀을 사용하지 않아 깔끔한 맛이 특징이고 오븐에 굽지 않아 원하는 모양으로 케이크를 예쁘게 만들 수 있다는 장점이 있다.

재료		분량
비스킷 베이스	다이제스티브(비스킷)	70g
	버터	35g
치즈 필링	크림치즈	130g
	설탕	35g
	바닐라 익스트랙	소량
	바닐라빈	1/4개
	젤라틴	3g
	사워크림	30g
	레몬즙	12g
	생크림	150g
라즈베리 젤리	라즈베리 퓨레 물	100g 25g
	설탕	20g
	젤라틴	3g

알아두기

재료

- 라즈베리 퓨레: 앤드로스Andros 제품 사용
- 생크림: 동물성 생크림

기타

- 재료는 23~25℃로 준비한다.
- 버터는 45~50℃로 녹인다.

SUGAR LANE
SUGAR LANE

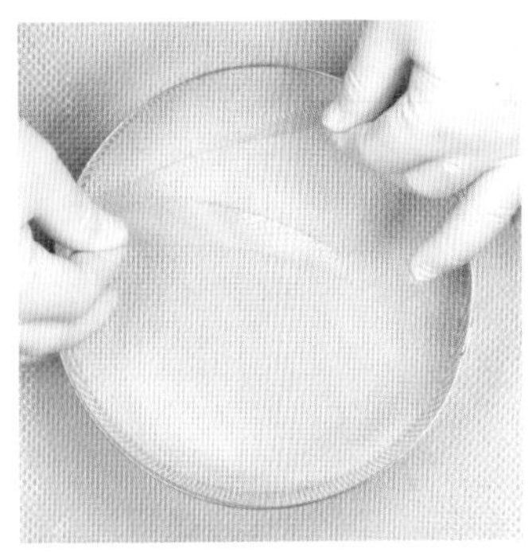

01 무스링 안쪽에 무스띠를 끼워 테이프로 고정한다.

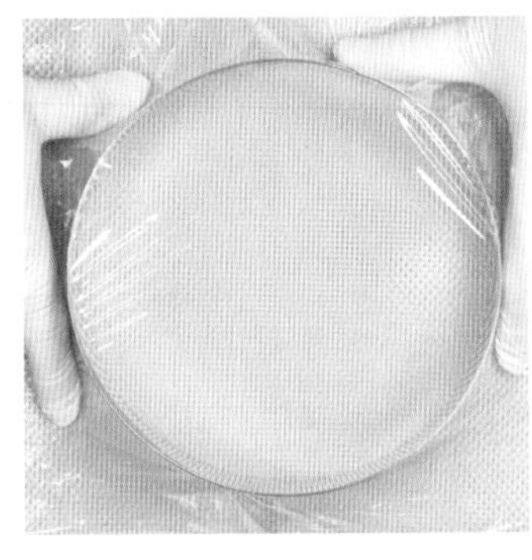

02 무스링 한쪽 면에 랩을 팽팽하게 씌운다. 이쪽이 바닥이 된다.

03 얼음물에 젤라틴을 넣어 10분간 불린다.

04 볼에 다이제스티브를 넣어 잘게 부순 후 녹인 버터를 넣고 잘 섞는다.

05 ④를 ②의 무스링 바닥에 펼쳐 넣고 컵으로 평평하게 다진다.

06 볼에 생크림을 넣고 핸드믹서 날에 크림이 살짝 묻어 있고, 볼에 있는 크림의 끝이 살짝 서 있는 정도로 휘핑하여 냉장실에 넣는다.

07 다른 볼에 실온에 둔 크림치즈를 넣고 부드럽게 풀어준 후 설탕, 바닐라 익스트랙, 바닐라빈 씨를 넣어 잘 섞는다.

08 ③의 불린 젤라틴을 전자레인지에 넣어 녹인 후 사워크림과 잘 섞는다.

09 ⑦에 ⑧을 넣어 섞는다.

10 휘핑한 생크림을 세 번에 나누어 넣어가며 섞는다.

11 레몬즙을 넣고 핸드믹서로 가볍게 섞는다.

12 치즈 필링을 ⑤의 베이스 위에 붓는다.

13 L자 스패출러로 치즈 필링을 평평하게 편다. 냉동실에 넣어 6시간 이상 굳힌다.

14 냄비에 라즈베리 젤리 재료의 라즈베리 퓨레, 물, 설탕을 넣고 섞은 후 끓인다. 얼음물에 젤라틴을 넣어 10분간 불린다.

15 한소끔 끓어오르면 불을 끄고 불린 젤라틴을 넣어 잘 섞는다.

16 라즈베리 젤리를 체에 거른다.

17 라즈베리 젤리 온도가 35℃로 낮아지면 6시간 이상 굳힌 치즈케이크 위에 붓는다.

18 다시 냉장실에 넣어 완전히 굳을 때까지 둔 후, 컵 위에 올려놓고 뜨거운 수건으로 겉면을 문질러 링에서 빼낸다.

BOTTLE
CAKE
SUGAR

8

BOTTLE CAKE

보틀 케이크

키위 보틀 케이크 236쪽

무화과 보틀 케이크 240쪽 | 블루베리 보틀 케이크 244쪽

생크림케이크는 우리나라에서 꾸준한 인기를 누리고 있는 디저트다. 하지만 아이싱에 대한 부담감으로 케이크를 어렵다고 여겨 시도하지 못하는 경우가 꽤 있다. 이러한 단점을 보완하기 위해 대안으로 아이싱이 필요하지 않은 보틀 케이크를 추천한다. 다양한 재료를 활용해 나만의 개성을 살린 메뉴로 탄생시킬 수 있으며, 제철 과일로 종류만 바꾸면 여러 가지 보틀 케이크를 만들 수 있다.

케이크 시트인 제누아즈 만드는 방법도 함께 소개하니 쉽고 간단한 보틀 케이크부터 시작해 심플한 디자인의 홀 케이크 만들기에도 도전해보자!

일러두기

- 리플잼을 소량 사용하는 이유는 편의성과 생산성을 높이고, 케이크의 맛을 더 좋게 만들기 위함이다.
- 보틀 케이크 용기는 '새로피엔엘'의 '85㎜×100㎜ 원형 쿠키 용기'를 사용했다.

보관하기

- 완성한 보틀 케이크 : 냉장 보관 2일

BASIC RECIPE 케이크의 핵심 재료

제누아즈

제누아즈는 케이크의 핵심이다. 생각보다 까다로우며 신경 써야하는 부분이 많다. 제누아즈 반죽에는 화학적 팽창제(베이킹파우더, 베이킹 소다)를 넣지 않기 때문에 팽창을 위한 공기 포집 단계가 매우 중요하다. 또한, 가루 재료와 녹인 버터를 섞을 때 과하게 섞으면 반죽의 부피가 줄어들어 구웠을 때 높이가 충분히 나오지 않기 때문에 공정 숙련도도 필요하다.

재료 15cm 1호 팬(분리형) 1개분

- 달걀_ 160g
- 바닐라 익스트랙_ 소량
- 꿀_ 10g
- 설탕_ 80g
- 박력분_ 80g
- 버터_ 22g
  ※ 버터는 50~60℃로 녹인다.
- 시럽_ 적당량
  ※ 시럽은 29쪽을 참고해 만든다.

01 유산지 혹은 테프론시트를 틀에 맞춰서 준비한다.

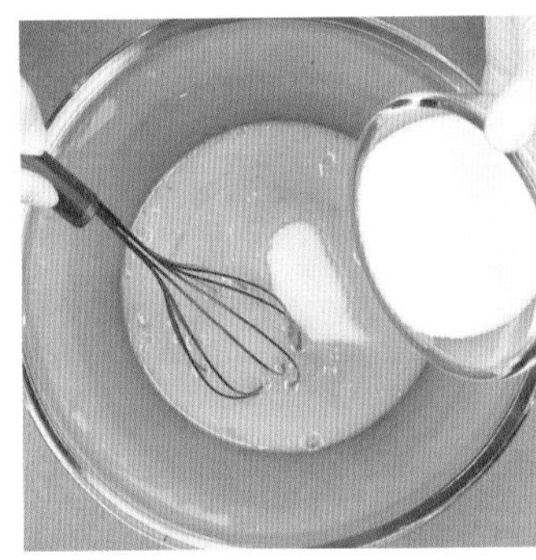

02 볼에 달걀, 바닐라 익스트랙, 꿀, 설탕을 넣고 가볍게 섞는다.

03 따뜻한 물 위에 올려 중탕으로 가열한다. 거품기로 가볍게 섞으며 온도를 40℃까지 올린다.

※ 40C°로 가열해야 공기 포집이 용이하다.

04 40℃가 되면 중탕을 멈춘 후 꺼내 핸드믹서로 휘핑한다. 중속으로 1분 휘핑한 후 고속으로 휘핑해 부피가 커지며 색이 노란색→아이보리색으로 변하고 반죽의 흐름성이 줄어들 때까지 진행한다.

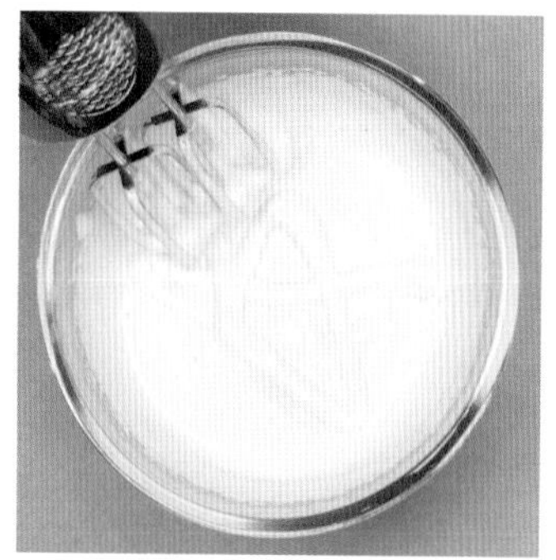

05 반죽을 떠서 별모양을 만들어본다. 5초간 형체가 유지될 정도로 되직하면 공기가 충분히 포집되었다는 신호다. 이를 '루반'이라고 부르며 루반 상태가 된 후 중속으로 1분, 저속으로 2분간 휘핑해 반죽을 안정화시킨다.

06 박력분을 체에 쳐서 넣는다.

07 주걱으로 반죽을 섞되 가루가 안 보이고 반죽이 매끄러워질 때까지만 섞는다.

※ 오래 섞으면 부피가 줄어든다.

08 50~60℃로 녹인 버터에 ⑦을 한 주걱(희생 반죽) 넣고 섞는다.

※ 희생 반죽을 사용하는 이유는 버터만 넣으면 버터가 반죽 밑으로 가라앉아 잘 섞이지 않기 때문이다.

09 흰생 반죽을 넣어 섞은 버터를 본 반죽에 넣고 반죽이 매끄러워질 때까지 섞는다.

10 틀에 반죽을 넣고 가볍게 두 번 내려쳐서 큰 기포를 빼준다. 165℃로 예열한 오븐에 넣어 165℃에서 30분간 굽는다. 나무 꼬치로 찔러 보아 젖은 반죽이 묻어나오지 않는지 확인한다.

11 오븐에서 방금 나온 제누아즈를 바닥에 떨어뜨려 쇼크를 준다. 이렇게 뜨거운 공기를 빼지 않으면 제누아즈가 식는 과정에서 수축할 수 있다.

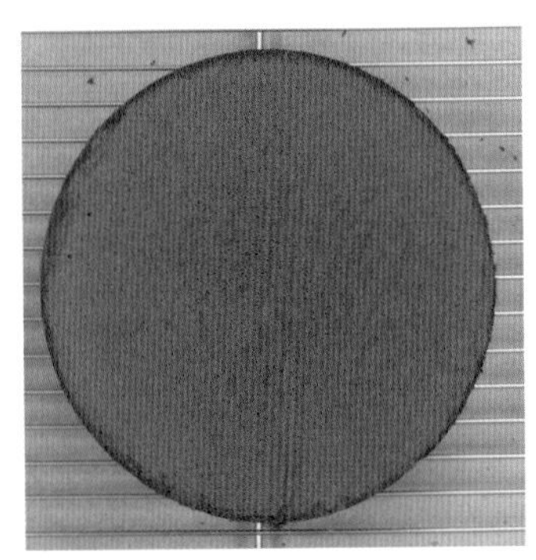

12 틀에서 제누아즈를 꺼낸 후 거꾸로 뒤집어 10분 정도 식힌다. 다시 뒤집어 식힌다. 이렇게 식히면 내부 기공이 한쪽으로 쏠리지 않고 고르게 분포된다.

13 완성된 제누아즈를 1.5cm 두께로 썬 후 보틀 용기에 맞게 필요한 크기로 재단한다.

※ 3~4일 냉장 보관, 2주간 냉동 보관 가능하다.

14 시럽을 바른다.

※ 제누아즈에 시럽을 발라야 수분 유지가 가능해 촉촉한 케이크를 만들 수 있다.

생크림

재료
생크림 100g
설탕 10g
마스카포네 치즈 15g

01 얼음물에 생크림 볼을 올리고 설탕, 마스카포네 치즈를 넣는다.

※ 온도가 낮아야 휘핑이 잘 된다.
※ 마스카포네 치즈를 넣으면 풍미가 좋다.

02 저속으로 1분 휘핑하여 설탕을 녹인 후 중고속으로 휘핑한다. 생크림 표면에 휘핑 라인이 생기기 시작하면 생크림 농도를 확인하며 휘핑한다.

03 핸드믹서 날에 크림이 살짝 묻어 있고 볼에 있는 크림의 끝이 살짝 서면 완성된 것이다. 저속으로 1분간 휘핑해 마무리한다.

Kiwi Bottle Cake

키위 보틀 케이크

1개분

키위는 일 년 내내 구할 수 있는 과일이라서 철을 타지 않는다는 장점이 있다. 그린 키위는 새콤달콤하며 골드 키위는 열대 과일 특유의 달콤한 맛이 특징이다. 취향에 따라 한 종류만 사용하거나 섞어서 사용해도 좋다.

재료	분량
제누아즈*	2장(보틀에 맞는 크키로 재단한 것)
키위 리플잼	적당량
생크림	100g
설탕	10g
마스카포네 치즈	15g

Insert	
키위	1개

Deco 1	
키위	1개

Deco 2	
광택제	적당량

Deco 3	
데코 화이트	적당량

* 232쪽 '베이직 레시피'를 참고해 만든다.

알아두기

재료	• 생 키위: 반드시 완숙 키위 사용 • 키위 리플잼: 앤드로스Andros 제품 사용 • 생크림: 동물성 생크림 사용 • 광택제: 압솔뤼 크리스탈 발로나Absolu Crystal Valrhona 제품 사용 • 데코 화이트: 선인 제품 사용
기타	• 키위는 인서트용은 깍둑설기하고, 데코용은 원형으로 얇게 슬라이스해 준비한다.

SUGAR LANE

01 제누아즈 한 면에 키위 리플잼을 바른다.

※ 이때 가장자리를 0.5cm 정도 남겨두고 바르면 보틀에 넣었을 때 깔끔하다.

02 원형으로 얇게 슬라이스한 키위를 보틀 안쪽 벽면에 붙인다.

03 생크림을 만들어 짤주머니에 넣는다. 보틀 바닥에 생크림을 얇게 깐다.

※ 생크림은 235쪽을 참고해 만든다.

04 제누아즈 1장을 키위 리플잼을 바른 면이 위로 가도록 넣는다.

05 생크림을 짜 넣는다.

06 깍뚝썰기한 키위 1/2 분량을 올린다.

07 키위가 덮일 정도로만 생크림을 짠다.

08 남은 제누아즈 1장을 키위 리플잼을 바른 면이 위로 가도록 올린다.

09 생크림을 짠다.

10 남은 키위를 올린다. 광택제를 바른 후 데코 화이트를 뿌려 마무리한다.

Fig Bottle Cake
무화과 보틀 케이크

1개분

생 무화과를 넣어 진정한 무화과의 맛을 느낄 수 있는 보틀 케이크이다. 디저트에 무화과를 넣으면 고급스러움이 배가되는데, 특히 슈가레인 무화과 보틀 케이크에는 이 책에 소개한 수제 무화과 잼을 스프레드 해 맛이 더욱 깊다. 슈가레인 수제 무화과 잼은 반건조 무화과로 만들어 농축된 무화과의 풍미를 준다.

재료	분량
제누아즈*	2장(보틀에 맞는 크키로 재단한 것)
무화과 잼**	적당량
생크림	100g
설탕	10g
마스카포네 치즈	15g
Insert	
생 무화과	1개

Deco 1	
생 무화과	1개

Deco 2	
광택제	적당량

* 232쪽 '베이직 레시피'를 참고해 만든다.
** 122쪽 '플러스 페이지'를 참고해 만든다.

알아두기

재료	• 생크림: 동물성 생크림 사용 • 광택제: 압솔뤼 크리스탈 발로나Absolu Crystal Valrhona 제품 사용
기타	• 무화과는 인서트용은 깍뚝썰기한다. 데코용은 1/2 분량을 원형으로 얇게 슬라이스하고, 남은 1/2 분량은 6등분한다.

SUGAR LAN

01 제누아즈 한 면에 무화과 잼을 바른다.

※ **이때 가장자리를 0.5cm 정도 남겨두고 바르면 보틀에 넣었을 때 깔끔하다.**

02 원형으로 얇게 썬 무화과를 보틀 안쪽 벽면에 붙인다.

03 생크림을 만들어 짤주머니에 넣는다. 보틀 바닥에 생크림을 얇게 깐다.

※ **생크림은 235쪽을 참고해 만든다.**

04 제누아즈 1장을 무화과 잼을 바른 면이 위로 가도록 넣는다.

05 생크림을 짜 넣는다.

06 깍둑썰기한 무화과를 올린다.

07 무화과가 덮일 정도로만 생크림을 짠다.

08 남은 제누아즈 1장을 무화과 잼을 바른 면이 위로 가도록 넣는다.

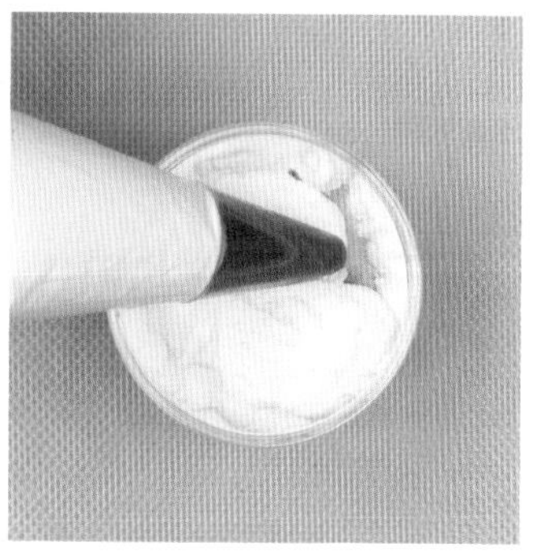

09 생크림을 짠다.

10 6등분한 무화과를 얹는다. 광택제를 바른 후 허브로 장식한다.

※ 데코용 무화과는 보틀의 크기에 맞게 양을 조절한다.

Blueberry Bottle Cake
블루베리 보틀 케이크

1개분

보랏빛의 달콤한 열매, 블루베리는 맛도 좋고 씻기만 하면 바로 쓸 수 있어서 디저트에 활용하기 좋은 과일이다. 보틀 케이크에는 반드시 생 블루베리를 사용하도록 한다.

재료	분량
제누아즈*	2장(보틀에 맞는 크기로 재단한 것)
레몬 블루베리 잼**(또는 블루베리 리플잼)	적당량
생 블루베리	약 70g
생크림	100g
설탕	10g
마스카포네 치즈	15g

Deco 1	
광택제	적당량

Deco 2	
데코 화이트	적당량

* 232쪽 '베이직 레시피'를 참고해 만든다.

** 130쪽을 참고해 만들거나 시판 블루베리 리플잼을 사용해도 된다.

알아두기

재료	• 블루베리 리플잼: 앤드로스Andros 제품 사용 • 생크림: 동물성 생크림 사용 • 광택제: 압솔뤼 크리스탈 발로나Absolu Crystal Valrhona 제품 사용 • 데코 화이트: 선인 제품 사용
기타	• 생 블루베리는 씻어서 물기를 제거해 준비한다.

UGAR LANE

01 제누아즈 한 면에 블루베리 잼을 바른다.

※ 이때 가장자리를 0.5cm 정도 남겨두고 바르면 보틀에 넣었을 때 깔끔하다.

02 생크림을 만들어 짤주머니에 넣는다. 보틀 바닥에 생크림을 얇게 깐다.

※ 생크림은 235쪽을 참고해 만든다.

03 제누아즈 1장을 블루베리 잼을 바른 면이 위로 가도록 넣는다.

04 생크림을 짜 넣는다.

05 블루베리를 적당량 올린다.

06 블루베리가 덮일 정도로만 생크림을 짠다.

07 남은 제누아즈 1장을 블루베리 잼을 바른 면이 위로 가도록 올린다.

08 생크림을 짠다.

09 남은 블루베리를 얹는다. 블루베리 표면에 광택제를 바른 후 데코화이트를 뿌리고 허브를 올린다.

COLD
DESSERT

9

COLD DESSERT

콜드 디저트

콜드 디저트는 티라미수, 푸딩, 크렘 브륄레, 크렘 캐러멜 등 냉장 상태로 보관하여 차갑게 먹는 디저트다.

푸딩은 달걀, 우유, 설탕을 기본으로 만드는데, 생크림을 넣거나 달걀의 비율을 가감하고 계절 과일, 커피, 차, 초콜릿 등을 첨가해 다양한 식감과 맛을 구현할 수 있다. 부드럽고 달콤한 맛으로 특유의 탱글한 식감을 가지고 있어 아이들도 매우 좋아한다.

티라미수는 이탈리아 디저트로 초콜릿, 커피, 마스카포네 치즈가 잘 어우러져 환상의 맛을 내는 디저트이다. 마스카포네 치즈는 이탈리아 크림치즈의 일종으로 일반 크림치즈에 비해 유지방 함량이 많고 맛이 깔끔하며 담백하다.

일러두기

- 젤라틴은 사용이 편한 판 젤라틴을 추천한다.
- 젤라틴은 얼음물에 10분간 불려둔 후 물기를 제거해 사용한다.
- 젤라틴을 여러 장 사용할 경우 여러 장을 한 번에 넣지 말고 한 장씩 넣어야 물기를 충분히 흡수한다.

보관하기

- 완성한 콜드 디저트 : 냉장 보관 2~3일(단, 티라미수는 냉동 보관 2주 가능)

Classic Tiramisu

클래식 티라미수

4개분(300㎖ 용기 기준)

티라미수는 이탈리아어로 '나를 끌어올린다'는 의미로 한입만 먹어도 천국의 맛을 느낀 것처럼 기분이 좋아지기에 이름 붙여졌다. 시판 레이디핑거(이탈리아 핑거 쿠키, 이탈리아어로는 사보이 아르디Savoiardi)를 이용하여 손쉽게 만들 수 있고 달콤하며 부드러운 식감이 특징이다.

재료		분량
젤라틴		3g
레이디핑거		12개
마스카포네 크림	마스카포네 치즈	200g
	설탕	40g
	달걀노른자	40g
	생크림(a)	150g
	생크림(b)	50g
커피 시럽	물	84g
	설탕	56g
	에스프레소	22g
	깔루아	11g
	커피 플레이버	8g

Deco	
데코 화이트 / 코코아파우더	적당량

알아두기

재료

- 달걀노른자: 냉장 팩 노른자 사용(팩 노른자는 살균 제품이다.)
- 생크림: 동물성 생크림 사용
- 커피 플레이버: 생루시Sainte Lucie 제품 사용
- 데코 화이트: 선인 제품 사용
- 코코아파우더: 발로나Valrhona 제품 사용

SUGAR
LANE
BAKING

SUGAR
LANE
BAKING

01 볼에 얼음물, 젤라틴을 넣고 10분 간 불린다.

02 볼에 커피 시럽 재료(물, 설탕, 에스프레소, 깔루아, 커피 플레이버)를 모두 넣고 섞은 후 전자레인지에 넣어 40~50℃ 정도로 가열해 설탕을 녹인다.

03 레이디핑거를 티라미수를 담을 용기 크기에 맞게 자른 후 커피 시럽에 담갔다가 꺼낸다. 용기 바닥에 넣고 크림을 만들 동안 냉장실에 넣어둔다.

04 볼에 마스카포네 치즈를 넣고 핸드믹서로 부드럽게 푼다.

05 설탕을 두 번에 나누어 넣어가며 섞는다.

06 달걀노른자를 두 번에 나누어 넣어가며 섞는다.

※ 달걀노른자는 반드시 살균 제품 사용

07 생크림(a)를 넣고 잘 섞는다.

08 다른 볼에 생크림(b)를 넣고 전자레인지에 넣어 약 50℃까지 가열한 후 꺼낸다. 불린 젤라틴의 물기를 제거한 후 생크림(b)에 넣고 잘 섞는다.

09 ⑧을 ⑦에 넣고 잘 섞는다.

10 체에 거른다.

11 체에 거른 마스카포네 크림을 휘핑한다. 뿔이 생기고 핸드믹서 날에서 크림이 떨어지지 않을 때까지 휘핑한다.

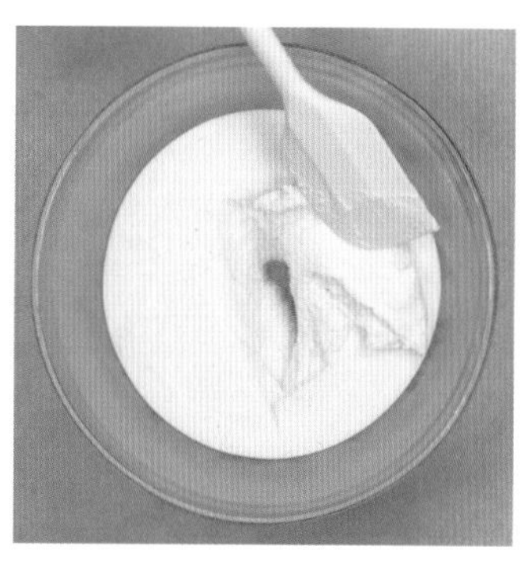

12 냉동실에 넣어 30분간 굳힌 후 주걱으로 부드럽게 잘 푼다.

13 마스카포네 크림을 짤주머니에 넣고 과정 ③의 레이디핑거 위에 짠다.

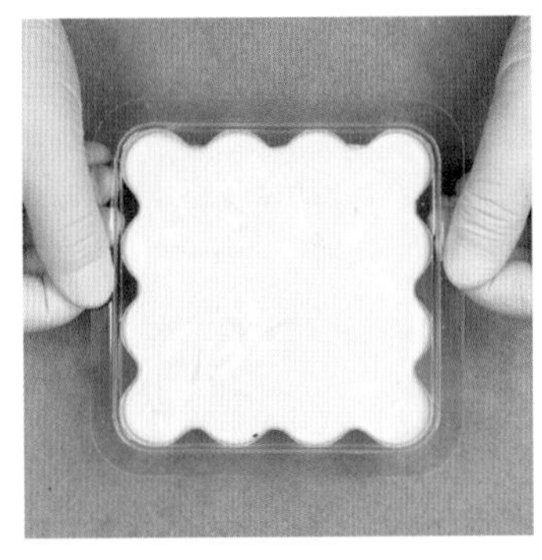

14 용기를 바닥에 쳐서 공기 방울을 제거한다.

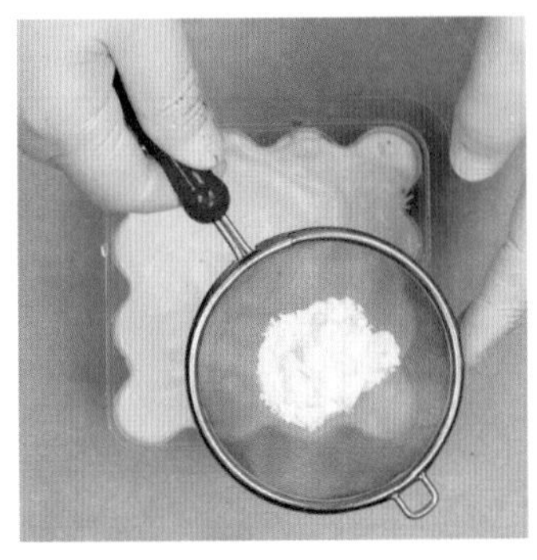

15 데코 화이트를 뿌린다.

※ 마스카포네 크림 위에 바로 코코아파우더를 뿌리면 시간이 지나면서 얼룩덜룩 지저분해진다. 이때 데코 화이트로 먼저 덮어주면 방어막 역할을 한다.

16 코코아파우더를 뿌려 완성한다.

Mango Pudding

망고 푸딩

3개분(300㎖ 용기 기준)

망고 퓨레와 신선한 생 망고를 올린 망고 푸딩은 공정이 간단한 노오븐 디저트라서 초보자와 카페 오너가 충분히 만들 수 있다. 지금 소개할 레시피는 열대과일인 망고의 향&맛과 잘 어울리는 패션후르츠 청을 곁들여서 상큼한 맛을 더 끌어올렸다.

재료	분량
젤라틴	3.5g
생크림	100g
우유	60g
설탕	32g
망고 퓨레	145g

Deco 1	
패션후르츠 청	80g

Deco 2	
생 망고	80g

알아두기

재료

- 망고 퓨레: 앤드로스Andros 제품 사용
- 생 망고는 깍둑썰기해 준비한다.

SUGAR LANE

01 재료를 모두 준비한다.

02 볼에 얼음물, 젤라틴을 넣어 10분간 불린다.

03 볼에 생크림과 설탕 1/2 분량을 넣고 휘핑한다. 너무 단단하지는 않되 뿔이 생길 정도로 휘핑한다.

04 다른 볼에 우유와 남은 설탕을 넣고 전자레인지에 넣어 70~80℃ 정도로 가열한 후 잘 저어 설탕을 완전히 녹인다.

05 불린 젤라틴의 물기를 제거한 후 ④에 넣어 섞는다.

06 망고 퓨레를 넣고 잘 섞는다.

07 과정 ③의 생크림을 거품기로 잘 저어준 후 ⑥을 체에 걸러 넣는다.

※ 생크림은 휘핑해두면 시간이 지날수록 묽어지므로 사용하기 전에 거품기로 잘 저어준다.

08 거품기로 재료를 퍼올리듯 섞는다.

09 주걱으로 잘 섞어 마무리한다.

10 짤주머니에 망고 푸딩을 넣고 완성 그릇에 짜 넣는다.

※ 반죽이 묽어 짤주머니에서 흘러내릴 수 있으니 손가락을 집게처럼 활용해 분량을 조절한다.

11 냉장실에 넣어 반나절 정도 굳힌 후 위에 패션후르츠 청을 적당히 올린다.

12 마지막으로 깍둑썰기한 생 망고를 위에 올린다.

Crème Brûlée

크렘 브륄레

4개분(100㎖ 라메킨 기준) | 135℃에서 35분

크렘 브륄레를 직역하면 '태운 크림Burnt Cream'이라는 뜻이다. 명칭 그대로 커스터드 크림을 오븐에 넣어 중탕 방식으로 은은하게 구운 후 위에 설탕을 뿌리고 토치로 바삭하게 태워서 만드는 디저트다. 숟가락으로 표면의 캐러멜을 톡 깨서 아래에 숨어있던 부드러운 커스터드와 같이 먹는 것이 묘미이다.

재료	분량
생크림 우유	200g 100g
설탕	35g
달걀노른자	50g
바닐라빈	1/3개

알아두기

재료	• 생크림: 동물성 생크림 사용
기타	• 오븐은 135℃로 예열한다. • 중탕 팬과 깨끗한 행주를 준비한다. 팬에 행주를 깔고 라메킨*을 올리는 것은 중탕할 때 물이 끓어올라 튀지 않도록 함과 동시에 라메킨이 움직이는 것을 방지하기 위해서이다.

* 세라믹이나 유리로 만든 작은 그릇

SUGAR LAN

01 재료를 준비한다.

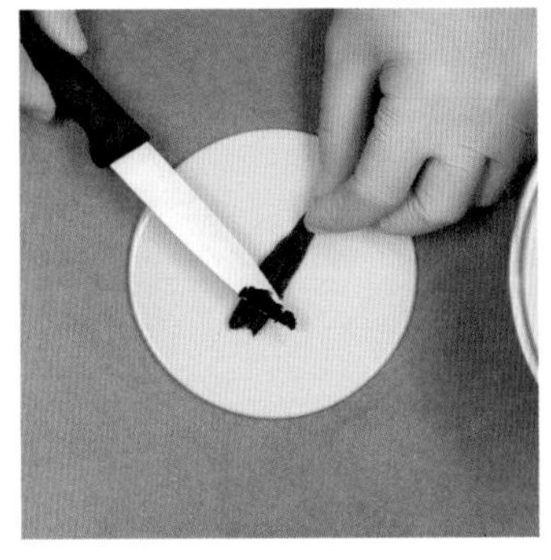

02 바닐라빈에서 씨를 긁어낸다.

03 냄비에 생크림, 우유, 바닐라빈 씨, 설탕 1/2 분량을 넣는다.

04 80℃ 전후로 가열한 후 불을 끄고 뚜껑을 닫아 10분 정도 우린다.

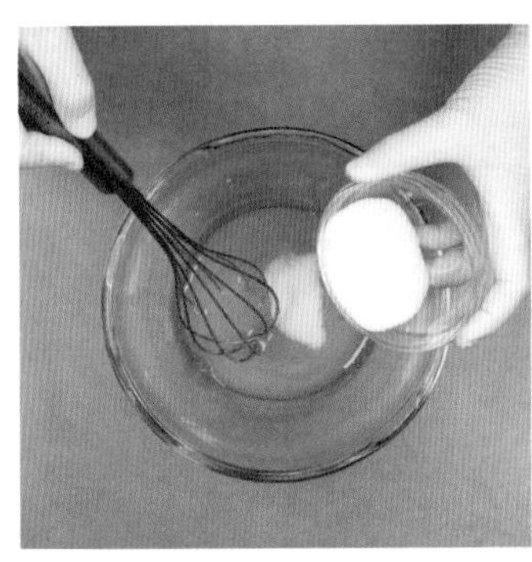

05 다른 볼에 달걀노른자와 남은 설탕을 넣어 거품기로 섞는다.

06 ④가 60℃까지 식으면 ⑤에 조금씩 부어가며 거품기로 섞는다.

07 반죽을 체에 거른다.

08 반죽 90g을 라메킨에 부어준다.

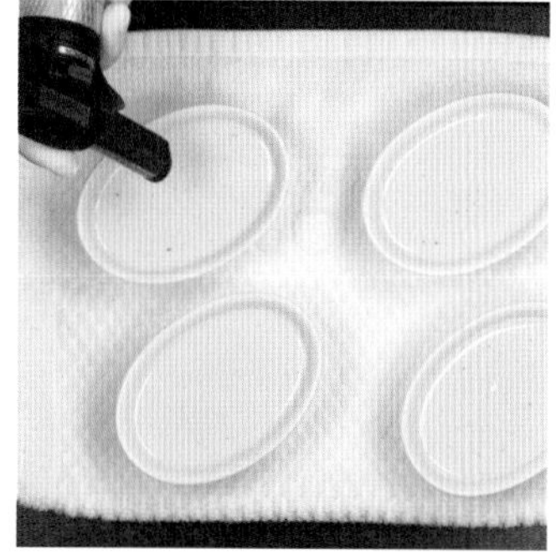

09 토치로 표면의 기포를 없앤다.

※ 기포가 많이 남아있으면 구웠을 때 표면이 매끄럽지 않다.

10 중탕 팬에 깨끗한 행주를 깐다. 팬에 뜨거운 중탕 물을 붓고 135℃로 예열한 오븐에 넣어 135℃에서 35분간 굽는다.

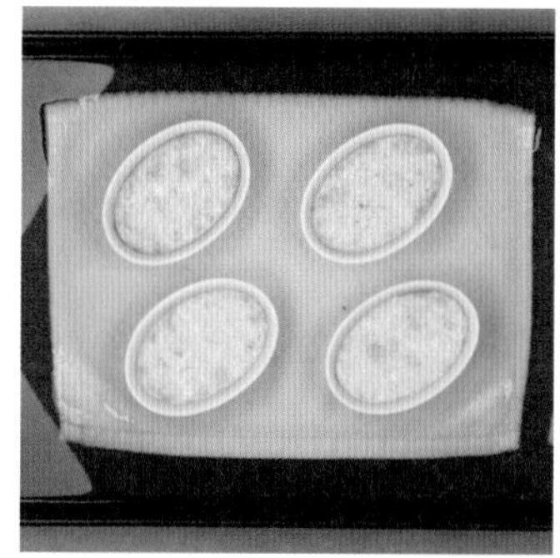

11 오븐에서 꺼내 라메킨을 살짝 흔들어 보았을 때 중심부가 흔들림이 있으면 적절히 익은 것이다. 완성된 크렘 브륄레를 꺼내 충분히 식힌 후 냉장실에 넣어 반나절 이상 둔다.

12 먹기 전에 설탕을 얇게 뿌려 토치로 살짝 태운다. 2~3회 반복한다.

※ 설탕을 한 번에 두껍게 뿌려 태우면 균일하지 않으니 얇게 뿌리고 태우는 과정을 반복한다.

Crème Caramel

크렘 캐러멜

4개분(100㎖ 라메킨 기준) | 140℃에서 15~17분

캐러멜과 커스터드의 조합으로 크렘 브륄레와 비슷한 개념이지만, 커스터드 배합이 다르며 커스터드의 부드러운 식감과 고소한 캐러멜 향이 잘 어우러진 것이 특징이다. 보기만 해도 달콤함이 느껴지는 디저트다.

재료	분량
설탕(a)	100g
물	30g
생크림 우유	175g 15g
설탕(b)	47g
달걀노른자 달걀	23g 114g
바닐라빈	1/3개

알아두기

재료	• 생크림: 동물성 생크림 사용
기타	• 오븐은 140℃로 예열한다. • 중탕 팬과 깨끗한 행주를 준비한다. 팬에 행주를 깔고 라메킨을 올리는 것은 중탕할 때 물이 끓어올라 튀지 않도록 함과 동시에 라메킨이 움직이는 것을 방지하기 위해서이다.

SUGAR LANE

01 냄비에 설탕(a)를 나누어 넣어가며 중약 불로 녹인다. 설탕을 한 번에 넣지 말고 조금 넣고 어느 정도 녹으면 또 조금 더 넣는 식으로 녹이면 설탕이 타는 현상을 막을 수 있다.

02 설탕이 진한 갈색이 될 때까지 주걱으로 저어가며 녹인다.

03 80~90℃의 뜨거운 물을 조금씩 부어가며 주걱으로 섞는다.

※ 물을 부으면 뜨거운 수증기가 발생하니 조심한다.

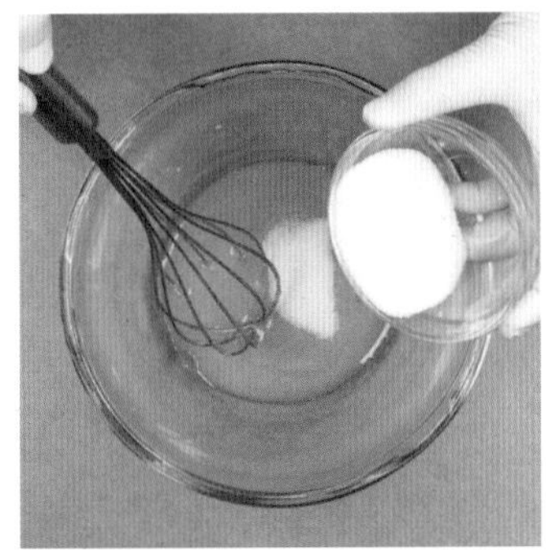

04 라메킨에 캐러멜을 18g 넣는다. 냉장실에 잠시 넣어 캐러멜을 굳힌다.

05 바닐라빈에서 씨를 긁는다. 냄비에 생크림, 우유, 바닐라빈 씨를 넣고 80℃ 전후로 가열한다. 불을 끄고 뚜껑을 닫아 10분 정도 우린다.

06 볼에 달걀, 달걀노른자, 설탕(b)를 넣고 잘 섞는다.

07 ⑤를 ⑥에 천천히 부으면서 거품기로 섞는다.

08 체에 거른다.

09 냉장실에 넣어두었던 라메킨에 살살 붓는다.

10 토치로 기포를 없앤다.

11 중탕 팬에 깨끗한 행주를 깐다. 팬에 뜨거운 중탕 물을 붓고 140℃로 예열한 오븐에 넣는다.

12 윗면에 구움 색이 많이 나는 것을 방지하기 위해 매트를 덮는다. 140℃에서 15~17분간 굽는다. 오븐에서 꺼냈을 때 라메킨을 살짝 흔들어 중앙부가 출렁거리는 느낌이 있어야 잘 구워진 것이다.

13 오븐에서 꺼내 실온에서 충분히 식힌다. 냉장실에 넣어 반나절 이상 굳힌 후 칼로 라메킨 안쪽 벽면에 칼집을 낸다.

14 완성 접시에 라메킨을 뒤집어 올려 틀에서 빼낸다.

OUTRO

카페 디저트 운영의 첫걸음

디저트 판매를 고민하는 분들을 위한 조언

'카페 디저트'를 떠올리면 언뜻 '디저트 매장 혹은 카페에서 판매하는 디저트'라고 생각할 수 있겠지만, 사실 '카페 디저트'는 많은 사람이 찾는, 대중적으로 인기 있는 디저트라는 의미로 많이 쓰인다. 즉, 맛있고 접근성이 좋은 디저트들로 소비자의 '호불호가 적어 취향을 크게 타지 않는 디저트'이며 판매자 입장에서는 '몇 번 반죽하고 구워보면 충분히 판매할 수 있을 만큼의 생산성을 가진, 비교적 공정의 실패가 적은 디저트'다.

Prologue에서 언급하였듯이 치열한 환경인 오프라인 매장에서 필요한 조금 더 현실적인 레시피를 알려드리기 위해 이 책의 구성에 신경을 많이 썼다. 조금 더 쉽고, 빠르게, 하지만 소비자가 만족할 수 있는 디저트 레시피로 구성하고자 노력했고 이러한 베이킹 효율은 카페를 운영하는 분들에게만 적용되는 것이 아니라, 홈베이커에게도 충분히 도움이 되는 내용이다.

우리나라의 경우 디저트 트렌드가 워낙 빠르게 변화하기 때문에 소비자는 언제나 새로운 디저트를 찾으며 이에 발 빠르게 대처하는 판매자들은 상대적으로 앞서 나간다. 물론 어느 제품군이 인기가 있을지는 알 수 없기 때문에 다양한 디저트들에 대한 사전 준비를 해 두고 때가 되면 적절한 카드를 꺼내는 것이 가장 현명하다. 이러한 맥락에서《슈가레인 카페 디저트 클래스》에는 다양한 스테디셀러 디저트를 포함시켜 카페 운영자가 변화하는 트렌드에 맞춰 빨리 대응할 수 있도록 구성했다.

레시피도 중요하지만, 슈가레인 베이킹 스튜디오의 인기 클래스인 '카페 디저트 마스터 클래스'를 2년 넘게 운영하면서 만난 카페 사장님들은 레시피 이외에도 많은 고민이 있었다. 특히 원가 절감과 제품의 가격 책정, 그리고 마케팅에 대한 고민이 많았다. 이는 슈가레인 베이킹 클래스를 수강하는 선택 포인트이기도 하다.

이 책을 마치며 그동안 슈가레인 카페 디저트 마스터 클래스를 운영하며 쌓인 노하우들을 토대로 카페 운영자를 위한 디저트 판매 전략을 간략히 소개하고자 한다. 디저트 판매를 고려하는 분들을 위한 원가 계산 방법과 판매가 산정 방법, 마케팅적으로 활용할 수 있는 인스타그램 감성 사진 촬영법을 소개하니 도움이 되길 바란다.

수익성을 고려한 원가 계산과 판매가 산정

매장 운영에 원가 계산은 필수다. 하지만 많은 초보 사장님들이 숫자와 친하지 않거나 어떻게 하는지 몰라서 원가 계산을 하지 않는 경우를 많이 보았다. 디저트를 판매하면서 재료비가 얼마나 들어가는지 모른다는 것은 조종사가 비행하면서 연료 소모량을 모르는 것과 같다. 그렇기 때문에 숫자와 친숙하지 않더라도 반드시 알아야 하는 것이 '원가'와 '판매가'다.

원가를 계산하기 전에 '원가'의 의미를 파악해야 하는데, 원가라고 하면 사실 재료비뿐만 아니라 노무 원가(인건비), 기타 원가(수도, 전기 등)까지 다양하게 따져 보아야 한다. 하지만 매장을 운영하면서 가장 직관적으로 느끼는 원가는 재료비이기 때문에 이 책에서는 '재료' 원가만 다루도록 하겠다.

1) 원가를 꼭 계산해야 하는 이유

간단하다. 내가 판매하는 품목의 재료비가 얼마인지 알아야 하기 때문이다. 원가를 알아야 그것을 토대로 판매가를 설정할 수 있다. 디저트 매장의 경우 보통 재료비는 판매가의 30% 이하로 맞춘다. 판매가 산정 방법은 뒤에서 더 자세하게 다루도록 하겠다.

재료비를 분석해서 어떤 재료가 원가에서 큰 비중을 차지하는지, 어떤 재료를 어떻게 줄이도록 노력해야 하는지 파악할 수 있다.

2) 원가 계산 방법

STEP 1. 일단 레시피를 기재한다.

재료	분량
크림치즈	320g
설탕	85g
달걀	110g
생크림	190g
박력분	10g
바닐라 익스트랙*	소량

※ 바스크 치즈케이크 레시피 기준

* 바닐라 익스트랙은 엄밀히 말하자면 계산하는 것이 맞지만 소량이 들어가기에 본 예시에서는 계산하지 않았다.

STEP 2. 레시피에 들어가는 재료들의 무게(또는 부피), 구매 가격과 단위당 가격을 기재한다

재료	무게 혹은 부피	구매가	단위당 가격
크림치즈	1kg	15,500원	15.5원
설탕	15kg	16,000원	1.1원
달걀*	1판(1,500g)	8,500원	5.7원
생크림	500㎖	5,000원	10원
박력분	20kg	24,000원	1.2원
바닐라 익스트랙	소량	–	–

* 달걀은 30구 1판 기준으로 개당 무게를 50g(껍질 제외)으로 가정하면 1판당 달걀의 무게는 1500g이다.

※ 기재된 가격은 변동적이며 구매처에 따라 조금씩 차이가 난다.

STEP 3. 마지막으로 STEP 1과 STEP 2를 결합한다

재료	분량(step 1)	단위당 가격(step 2)	결합(step 3)
크림치즈	320g	15.5원	4,960원
설탕	85g	1.1원	94원
달걀	110g	5.7원	627원
생크림	190g	10원	1,900원

박력분	10g	1.2원	12원
바닐라 익스트랙	소량	-	-
총합			7,593원

해당 바스크 치즈케이크를 만들기 위해 320g의 크림치즈를 사용했는데, 끼리Kiri 크림치즈는 1kg에 15,500원에 구매하였다(1g에 15.5원). 즉, 320g의 크림치즈를 사용했다는 것은 결국 4,960원어치의 크림치즈를 사용했다는 뜻이다(15.5×320=4,960원).

이로써 바스크 치즈케이크 1개당 재료 원가가 7,593원이라는 정보를 얻었다. 이러한 정보는 판매가를 산정할 때 활용해야 한다. 이때 여기서 그치지 않고 더 나아가 재료 원가를 한 단계 더 분석할 필요가 있다.

7,593원이라는 재료 원가 속에 4,960원의 크림치즈가 눈에 띄는데, 계산해보면 재료 원가 내에서 크림치즈가 차지하는 비중이 무려 약 65%나 된다. 그렇기 때문에 바스크 치즈케이크의 원가를 낮추고자 한다면 크림치즈의 브랜드를 교체할 수 있는지 알아보는 것이 올바른 수순이다. 이렇듯 원가 계산을 통해 원가를 알아낼 수 있을 뿐만 아니라, 판매가 산정에도 활용하며 원가를 절감해야 한다면 어느 부분을 집중적으로 공략해야 할지도 알아낼 수 있다.

3) 판매가 산정 방법

초보 사장뿐만 아니라 베테랑조차도 판매가 정하는 것을 상당히 어려워한다. 판매가는 매출을 결정짓는 요소이기 때문에 매장 운영에 정말 중요한 부분이다.

판매가 산정이 어려운 가장 큰 이유는 정답이 없기 때문이다. 원가는 레시피와 사용할 재료를 정하면 정확하게 계산할 수 있지만, 판매가는 여러 요소를 종합적으로 생각해서 주관적으로 계산해야 한다. 그래서 복잡할 수밖에 없으며, 대략 '이 정도 가격이 적당할 것 같다'라고 추정치로 계산할 수밖에 없다.

경영학에서는 판매가를 산정할 때 '가격 결정 전략(Pricing Strategy)'을 사용한다. 하지만 이렇게 깊이 들어가면 너무 복잡하므로 소규모 매장을 운영한다면 중요한 몇 가지 요소만 고려하여 결정하는 것이 좋다.

POINT 1. 재료 원가

카페나 디저트 매장을 운영하는 사람은 재료 원가가 판매가에서 차지하는 비율에 대해 자체적인 기준을 어느 정도 가지고 있어야 한다. 이것을 '원가율'이라고 한다.

일반적인 디저트 카페의 경우 원가율을 20~30% 정도로 잡으면 된다. 물론, 이 또한 상황에 따라 다르기에 박리다매薄利多賣 전략을 취한다면 원가율이 30% 넘게 차지할 수도 있고, 반대로 고급스러운 분위기의 카페라서 고가 전략을 취한다면 원가율을 20% 이하로 유지하기도 한다.

POINT 2. 지역 특성

상권(주거지 또는 오피스), 소득 수준, 1인 가구 비율 등 판매가를 산정할 때는 지역의 특성을 고려해야 한다.

POINT 3. 경쟁사

우리 매장 근처에 디저트 매장이 있다면 소비자들은 분명히 제품의 질과 가격을 비교하게 될 것이다. 그래서 경쟁 업체 유무, 경쟁 업체의 판매가 등도 고려해야 한다.

POINT 4. 브랜드

멋진 인테리어, 고급스러운 분위기로 브랜드를 만들었다면 같은 제품이더라도 판매가를 조금 더 높게 산정할 수 있다.

앞서 설명한 원가 계산 때 들었던 예시를 그대로 사용해 판매가를 산정해보자. 바스크 치즈케이크 1호 재료 원가는 7,593원이었다.

고려 요소	설명
재료원가	만약 원가율을 20~30%로 잡는다면 판매가를 25,000~38,000원 사이로 잡으면 된다. 범위가 매우 넓어서 다른 요소들을 고민하여 범위를 좁혀줄 필요가 있다.
지역 특성	지역은 일반 주거 지역으로, 소득 수준은 높지도, 낮지도 않은 평범한 수준으로 가정한다.
경쟁사	한 블록 거리에 우리 매장과 유사한 디저트 매장이 있으며 그 매장에서는 바스크 치즈케이크 1호를 30,000원에 판매하고 있다고 가정해보자. 하지만 내가 만든 바스크 치즈케이크의 맛은 객관적으로 평가했을 때 경쟁 업체보다 확실히 더 맛있다는 평을 받았다.
브랜드	근처 다른 카페 혹은 디저트 매장과 비슷한 수준의 인테리어와 브랜드 가치를 지니고 있다고 가정해보자.
기타	네이버 쇼핑에 검색해보니 디저트 매장 대부분이 바스크 치즈케이크 1호를 25,000~35,000원 범위에서 판매하고 있다.

종합적으로 판단했을 때 경쟁 업체보다 약간 높은 32,000~36,000원 사이로 가격을 정하면 괜찮을 것 같다. 경쟁사보다 우리 매장의 바스크 치즈케이크가 맛있으며, 이 가격이 사람들이 일반적으로 인지하고 있는 가격(네이버 쇼핑)과도 부합하니 경쟁 업체보다 판매가가 조금 높더라도 크게 문젯거리가 되지 않을 것으로 보인다.

물론 이 계산은 재료 원가를 기준으로 했으므로 포장재 같은 기타 원가를 고려한다면 판매가는 달라질 수 있다. 예를 들어 만약 비싼 포장재로 고급스럽게 포장할 경우 판매가는 더 높아져야 할 것이다.

마케팅을 고려한 인★그램 감성 사진 촬영

매출에 큰 영향을 미치는 만큼 판매가를 정할 때는 여러 가지 요소들을 종합적으로 고려하자.

디저트는 맛도 중요하지만, 그 무엇보다 비주얼이 중요한 제품이다. 그리고 특히 지금처럼 SNS 활동이 활발한 시대에 아무리 예쁜 디저트를 만들었다고 해도 사진으로 그 모습을 충분히 담지 못한다면 너무 아쉽지 않을까?

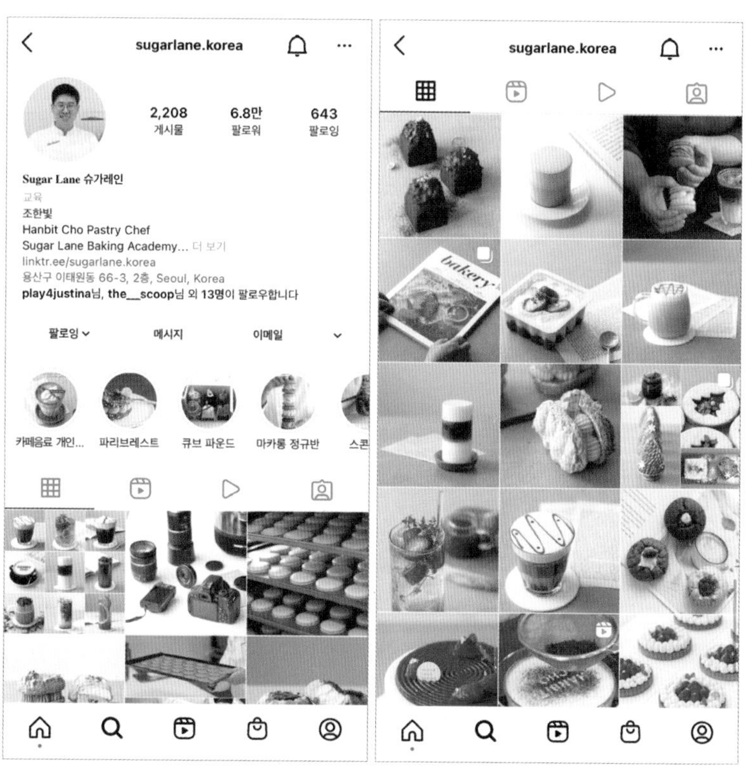

필자는 슈가레인 인스타그램 및 강의 소개용 사진 대부분을 직접 찍고 사진 촬영 관련 강의도 하고 있다.

'전문가도 아닌데 과연 나도 이렇게 잘 찍을 수 있을까?'라는 생각이 들 수도 있다. 하지만 필자도 사진에 대해서 전혀 몰랐다. 단, 몇 가지 방법만 알아도 충분히 멋진 사진을 찍을 수 있다는 것을 알아냈다. 그중에서 가장 효과적인 방법들을 소개하니 참고하기 바란다.

카메라 바디

비싼 카메라와 렌즈를 구매한다고 사진 문제가 깔끔하게 해결될까? 그렇지 않다. 전문가가 아니고서야 오히려 복잡하고 어려운 기능들이 방해가 될 뿐이다. 바쁜 환경 속에서 합리적인 비용으로 카메라를 구매하여 좋은 사진을 찍는 '가성비 갑甲' 운영법이 중요하다.

물론 좋은 카메라일수록 더 좋은 사진을 찍을 수 있는 것은 사실이지만, 용도에 맞는 카메라를 사용하면 된다. 단언컨대 매장을 운영하면서 홍보용 디저트 사진을 찍는 용도로 100만 원이 넘어가는 DSLR이나 미러리스를 살 필요는 없다. 가벼운 미러리스 정도로도 충분히 좋은 사진을 찍을 수 있다. 핸드폰으로도 좋은 사진을 찍을 수 있지만, 아무래도 DSLR이나 미러리스에 비해 한계가 있다. 특히 아웃포커싱, 화각, 어두운 곳에서의 감도에서 격차가 크기 때문에 SNS 마케팅에 투자할 계획이 조금이라도 있다면 미러리스 카메라 1대 정도는 장만할 것을 추천한다. 최근에는 미러리스 시장에 다양한 제품들이 출시되었으며 중고 제품들도 쉽게 구할 수 있기 때문에 본인의 예산에 맞게 구할 수 있을 것이다.

카메라 렌즈

바디만큼 혹은, 바디보다 더 중요한 것은 렌즈다. 카메라는 바디보다 렌즈가 더 비싸다는 이야기가 있을 정도니, 렌즈의 중요성을 알 수 있을 것이다. SNS 특히 인스타그램 감성을 살리는 용도로는 굳이 비싼 렌즈가 필요

없고, 사실 번들렌즈(가장 기본적인 표준 줌렌즈)로도 충분히 좋은 사진을 찍을 수 있다. 단, 추가로 렌즈를 구매한다면 같은 가격에 더 선명한 사진을 찍을 수 있는 단렌즈* 계열을 추천한다.

* 화각이 고정되어 줌을 사용할 수 없는 렌즈. 줌렌즈보다 가벼우며 렌즈 밝기가 밝고 일정해 선명도와 화질이 좋다. 또한 크기가 작아 휴대성도 좋다.

화각과 아웃포커싱

SNS용 사진 촬영에서 가장 중요한 것은 렌즈의 화각과 아웃포커싱을 이해하는 것이다. 화각은 렌즈가 포착하는 시야로써 화각이 '좁다' 혹은 '넓다'라고 표현한다.

아웃포커싱은 초점을 맞춘 피사체를 제외한 영역을 흐릿하게 만드는 효과를 의미한다. 화각과 아웃포커싱 둘 다 제품에 대한 몰입도를 결정짓는 중요한 요소들이기에 제대로 이해하고 잘 활용할 필요가 있다.

화각

앞서 말한 바와 같이 단렌즈는 정해진 화각이 있어 조절이 안 된다. 디저트는 시선이 분산되지 않고 제품으로 시선이 집중되어야 하므로 크롭 바디 사용 시 40~50mm 정도의 화각을 추천한다. 브이로그에 익숙하다면 착

사진 1. 앞쪽 마들렌에 초점 맞추고 아웃포커싱함

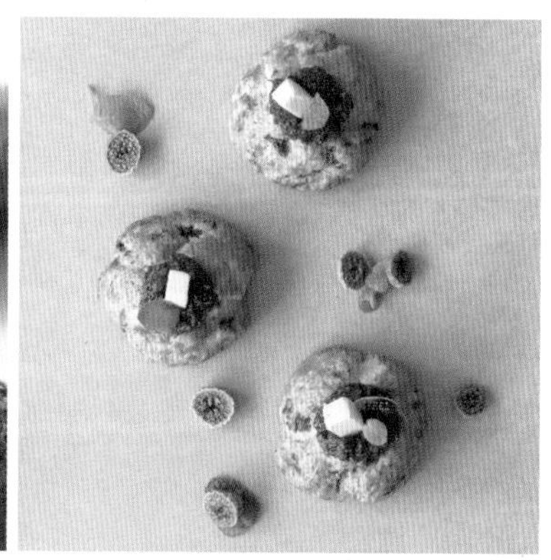
사진 2. 아웃포커싱하지 않음

석한 상태로 테이블 위의 음식을 담아야 하므로 40~50mm의 화각이 좁고 불편하게 느껴질 수 있지만, 디저트를 찍을 때는 한 발 뒤에서 찍기 때문에 오히려 좁은 화각에서 오는 장점들을 느낄 수 있을 것이다.

아웃 포커싱

아웃포커싱은 핸드폰과 미러리스, DSLR을 구분 지을 수 있는 가장 큰 요소이다. 사진에서 아웃포커싱이 중요한 이유는 단지 멋있어 보이기 때문만은 아니다. 아웃포커싱이 디저트에 대한 몰입감을 준다. 디저트나 상표에 초점을 맞추고, 그 이외의 영역이 흐리게 보인다면 보는 사람이 제품에 조금 더 집중할 수밖에 없다. 요즘 핸드폰의 카메라는 하드웨어, 소프트웨어가 많이 발전해 상당한 아웃포커싱 능력을 구현하지만, 그래도 미러리스, DSLR과는 격차가 크다.

색감

사진의 색감은 카레라 제조사별로 조금씩 다르며 촬영하는 사람에 따라 선호하는 색감도 다르다. 하지만 인스타그램을 운영한다면 인스타그램 앱에서 필터, 혹은 수동 보정이 되기 때문에 색감을 많이 바꿀 수 있다. 그러므로 제조사별 색감 차이는 너무 크게 고민하지 말고 인스타그램에 업로드 할 때 보정하는 것을 추천한다.

사진 구도

사진의 구도는 스타일에 큰 영향을 준다. 초점을 맞추는 제품의 위치 선정에 따라서 사진의 느낌이 달라질 수 있기 때문이다.

① 정사각 비율 염두에 두기

인스타그램 사진의 핵심은 1:1의 정사각 비율이다. 우리가 사진을 찍을 때는 거의 항상 4:3 혹은 16:9 가로형의 직사각 비율이기 때문에 찍는 단계에서부터 양쪽 옆(혹은 위, 아래)을 잘라내고 업로드 하는 점을 염두에 두고 촬영하는 것이 좋다.

② 정중앙 배치 피하기

일반적으로 사진 찍으려는 디저트를 사진의 정중앙에 배치한다. 이는 자칫 사진이 촌스러워 보이게 한다. 그렇지 않고 디저트를 중앙에서 벗어나게 배치하면, 이것 하나만으로도 훨씬 스타일리시한 사진을 찍을 수 있다.

사진 3. 정중앙 배치 피하기

③ 디저트 잘라내기

사진에 디저트를 전부 담으려고 하면 사진이 혼잡해지거나 억지스러워 보일 수 있다. 사람의 시야도 한계가 있듯이 적당한 선에서 사진을 잘라주는 것이 좋다.

사진 4. 잘라내기

④ 일명 '항공샷' 찍기

제품을 위에서 내려다보는 느낌으로 찍는 사진이다. SNS 특히 인스타그램 사진으로 많이 사용되는 구도다. 각도만 바꾸면 큰 무리 없이 멋있는 사진을 찍을 수 있다는 장점이 있지만, 디저트 모양에 따라 '항공샷'을 찍으면 오히려 제품의 모양이 드러나지 않을 수 있으므로 적절하게 사용하는 것이 중요하다.

사진 5. 항공샷 + 제품이 정중앙에 배치되지 않은 사진

소품

소품이 사진에서 중요한 요소인 것은 맞지만 전문 스튜디오가 아닌 이상 다양한 소품을 갖추는 것은 어렵다. 특히 매장을 운영하면서 다양한 디저트를 판매할 텐데 디저트별로 어울리는 소품을 갖출 수는 없으며, 자칫 더 어색하고 촌스러워 보일 수 있다. 차라리 이미 보유하고 있는 소품들을 사용하는 것이 좋다.

디저트 매장의 경우 가장 쉽게 사용할 수 있는 소품들은 다음과 같다.

- 접시
- 포크 & 나이프
- 커피 & 기타 음료
- 허브
- 잡지(예_킨포크) 등

또한 소품이라고 하면 디저트가 아닌 것들을 소품으로 생각하는 경우가 많은데 사실 디저트 자체를 소품으로 사용해도 된다. 예를 들어 마들렌을 촬영한다고 했을 때, 마들렌 10개를 나란히 나열하고 그중에 1개에만 초점을 맞춘다면 나머지 9개의 마들렌은 소품 역할을 하게 되는 것이다.

사진 6. 소품으로 건조 무화과와 허브를 활용한 스콘 사진

사진 7. 마들렌 자체를 소품으로 활용한 마들렌 사진